料理研究家のくせに「味の素」を使うのですか?

リュウジ
Ryuji

河出新書
068

はじめに

世界に誇るべき日本の発明品は？　ときかれたら、みなさんはなんて答えますか。

インスタントラーメン？　カラオケ？　青色発光ダイオード？　温水洗浄便座？

ぼくならば自信をもって、「これこそ日本最大の発明品」と断言します。

それは——味の素！

あの赤いふたで、透明な瓶に赤いパンダの顔が印刷された調味料です。

誕生したのは、今から１００年以上前の１９０９年。

主成分は、アミノ酸の一種であるグルタミン酸。これこそが「うま味」成分であることを発見し、うま味の調味料としてグルタミン酸ナトリウムを発明したのは、東京帝国大学

教授の池田菊苗（きくなえ）博士。それを商品化して「味の素」として発売したのは、鈴木商店、のちの味の素株式会社です。

この世紀の発明品「味の素」ほど、数奇な運命をたどった調味料を、ぼくは知りません。「高級調味料」「家庭料理の味方」「日本の誇る発明品」ともてはやされる一方で、「原料は蛇」「健康被害や味覚障害を引き起こす」といった、事実無根の悪評にもさらされてきました。

世界中の研究者がグルタミン酸ナトリウムについて、さまざまな角度から調査・研究を行なってきましたが、現在では、「人体に害なし」と科学的に結論づけられています。それでありながら、「なんとなく不安」という声はいまだに根強くあります。

みなさんのおうちのキッチンに、味の素はありますか？

そういえば子どものころはあったな、と懐かしく思う人もいるかもしれません。では、アジシオは？　ハイミー、ほんだし、コンソメは？

ぼくのキッチンには、全部あります。

若いころは違っていました。料理が好きだったぼくは、うま味調味料否定派だったのです。だしはもちろん昆布からとる、かつお節からとる、そんなの当たり前。「味の素を使うやつなんて、料理やんな!」くらいの勢いでした。

でも、じつは知らなかっただけで、ぼくは子どものころから味の素に慣れ親しんでいたのです。

料理の経験を積み、知識を蓄えていくうちに、味の素はむしろ料理人ならば積極的に使うべき優れた調味料なのではないか、と思うようになり、それは確信に変わりました。


ぼくはYouTubeで「リュウジのバズレシピ」という料理動画を発信しながら、料理が苦手な人でも家庭で簡単に作れる料理レシピを発表しています。おかげさまで大勢のかたにチャンネル登録してもらえるようになりました。

ぼくの料理の特徴のひとつは、いろんなレシピで味の素を使っている点です。

これって、じつはかなり珍しく、プロの料理家が「この料理には味の素を使っています」などと堂々と公言することは、まずありません。一般向けのレシピ本や料理雑誌で味の素を使うのは、タブーだったといってもいいと思います。

少しずつ、そうした状況も改善されつつあるように感じますが、今でも毎日のように

「化学調味料なんて使わないでください！」「プロのくせに味の素なんて使うな！」といった声がじゃんじゃん届きます。

味の素って、いろんな意味で、ものすごく誤解されています。「振りかければ、おいしくなるんでしょ？」などと、あたかも魔法の万能調味料のように思っている人もいます。確かな知識もなしに「あんな体に悪いものを使うなんて、とんでもない！」と怒る人もいっぱいいいます。

そういった誤解や無理解が多いのも、ぼくにはよくわかるんです。

味の素は、素晴らしい調味料……であることは間違いないのですが、じつは効果的に使おうと思ったら、使いこなすのがむずかしい調味料です。

明治から大正、昭和にかけて、味の素はたくさんの家庭で日常的に使われ、欠かすことのできない調味料とされていました。ところが、ある時期を境にして、急速に家庭の食卓から消えてしまったのです。

どうして、料理研究家のくせに「味の素」を使うのですか？

料理研究家としてレシピを公表しはじめて7年近くになりますが、つねにこのような声にさらされてきました。

でも、ぼくにいわせれば、みんな、なんで味の素を使わないの？

「味の素を使うと家族に怒られる」「味の素は体に悪いから家族に食べさせる料理には使えない」などという言葉も、これまでたくさんいただきました。令和にもなるのになぜ？信じられない思いですが、これが現実です。

味の素をレシピに使うことで、ぼくは「人殺し」「悪魔崇拝者」とまでSNS上でいわれました。無知というのは恐ろしいものです。とはいえ一概に批判することはできません。なぜならば、ぼく自身、かつては味の素を心から否定していたのですから。

日本一、味の素を愛する料理研究家として、自信をもってお届けします。

本書を書くうえでのぼくの願いは、たったひとつ。

読者のみなさまが、安心して味の素を料理に使って、毎日の食生活がさらにおいしく、楽しく、豊かになりますように。

リュウジ

目次

第1章

なぜ味の素を使うのか？

味の素の衝撃

子どものころ、祖父の作ってくれた納豆が大好きでした。

納豆そのものは、どこにでも売っているごく普通のパック入りの商品です。ぐるぐるかき混ぜ、生卵を割り入れて、付属の醤油とからしを入れ、刻みネギを加えて、どんぶりに盛りつける。

これさえあれば、いくらでもご飯が食べられました。

ひとり暮らしを始めて自炊をするようになり、好物の納豆も自分で作って食べていたのですが、何かが違うんです。ぜんぜんおいしくない。

いったい、なんでなんだろう?

どうしても気になって、あるとき、祖父に尋ねてみたら、こういわれたのです。

「リュウジ、味の素を入れてないだろ。味の素を入れなかったら、味がないに決まってる」

味の素!

料理が好きだったぼくのキッチンには、基本的な調味料をひととおりそろえていましたが、味の素は置いていませんでした。

味の素なんかで味がそんなに変わるのか？　半信半疑の思いで買ってきて、少しだけ納豆に振りかけて食べてみたら、驚きました。じいちゃんの納豆の味だ！　ああ、あのおいしい納豆は、味の素のおかげだったのか。

そのときの衝撃、わかってもらえるでしょうか。

初めて自分で料理を作ったのは高校生のときです。母が病気がちだったころがあり、どうせだったらお弁当を買うよりは自分で作ってみようと思い、ネットで見たレシピなどを参考にしながら鶏むね肉のソテーを作りました。母はすごく喜んでくれました。それがぼくにとっても、めちゃくちゃうれしかった。

料理研究家としてのぼくの原点です。

その後も、友だちにちょっと作ってあげると喜ばれる、というようなことが続いて、料理を作って人に喜ばれるのが、自分はすごく好きなのだと気づいていきました。

20歳前後のころは、料理の道を目指していたわけでもなく、単なる趣味として作りつづけていただけですが、いっちょまえの料理オタクでした。だしだって、こだわりをもって時間をかけ、昆布やかつお節や煮干しからしっかりとるのが当たり前。「味の素を使うやつなんて、料理好きを名のるな！」くらいに平気で思っていました。完全な無添加派だったんです。

セカンドインパクト

高校を中退したぼくは、ホテルの従業員として4年間、働きました。パーティや結婚式などの会場づくりや接客、配膳にかかわる宴会サービスという部署で、礼儀や言葉遣いからホールの動きまでみっちり叩(たた)きこまれました。

ところが2011年の東日本大震災のあと、海外からのインバウンド客が激減して、ホテルが閉鎖されてしまいます。そこで、今度はせっかくだから好きな料理の道を歩もうと思って、イタリア料理店で修業を始めることにしたんです。

味の素のファーストインパクトが祖父の納豆ならば、セカンドインパクトは、このときに訪れました。

いざ働きはじめたら、ランチタイムの仕込みのために朝9時に店に入って、一日の片づけは午後11時の閉店後、帰宅は毎晩午前様で、休みは月3回という激務の日々でした。

仕事中はほとんど休憩時間もとれませんでしたが、それもそのはずで、このお店は、お客さんがランチどきだけでも100人を超えるような超人気店でした。

毎日が忙しすぎて、「これじゃ、自分の好きな料理を作る時間がとれない！」と嫌気がさし、たったの３か月でやめちゃいました。

でもそのあいだにグランドメニューはひととおり作れるようになり、仕込みや調理のオペレーションも身につきました。これなら、レストランをやろうと思えばやれるな、と手ごたえをつかんだものの、同時に、毎日決まった料理を作る必要がある料理人には、自分は向いていないな、ともわかってしまいました。

それで、このイタリア料理店、本当においしいお店なんですが、驚いたことに、うま味調味料をバンバン使っていたんです。

人気店の隠し味がうま味調味料だったとは……。初めてその事実を知ったときには、「とんでもない店に入っちまった！」と思いました。

メニューのサラダなどに使っている自家製ドレッシングは店内で販売も行なっていて、味にこだわりのあるお客様がわざわざ遠くからでも買いにくるほど評判でした。もちろん、この人気のドレッシングにも、うま味調味料はしっかり入っています。

「舌がバカになる、味音痴の調味料を、みんなはこんなに好きなのか！」

衝撃を受けながらも、いろいろ試してみたところ、味の素を入れるか入れないかで、たしかにドレッシングの味も変わり、入れたときのほうが確実にうまいのです。

おれは味の素を使わずに、このイタリアンのようにみんなから好かれる味を作りだせるのか？　そもそも、なぜおれは味の素を使っていなかったのか？　そもそも味の素って本当に体に悪いのか？

けっきょく、うま味調味料を使わないと決めていたのは、自分の無知と勝手な思いこみにすぎないのではないか、と思わざるをえませんでした。


「うま味調味料は避ける」が当たり前だった

1986年生まれのぼくにとって、味の素はむしろあまりなじみのない調味料でした。わが家のキッチンには、アジシオやほんだしはありましたが、味の素はありませんでした。

味の素は、祖父母の世代には日常的に使われていた調味料でしたが、いつしか、身近な存在ではなくなっていたのです。

若いころ、ぼくは独学で料理の勉強をしていたので、料理本はかなり買いましたが、味の素の使い方なんてどこにも書いてなかったし、味の素を使うレシピもほぼありませんでした。

当時読んでいた料理本の著者のなかで、唯一の例外は、テレビでも大人気だった中華料理の鉄人、陳健一さんです。陳さんの料理本だけは、レシピに味の素が普通に使われていたのです。どれを作ってもおいしく、すごく勉強になりました。

もともとぼくはイタリアンが大好きだったので、生地から打ってピザを焼いたり、いろいろと作りこんでいました。これまでもっとも作った回数の多い料理は、まちがいなくペペロンチーノだと思います。

イタリア料理は、基本的にはうま味調味料を使いません。といいますか、もともとだしの概念がありませんので、いくらイタリアンを勉強しても、うま味調味料には行き着かないんです。トマトやチーズは、じつはうま味のかたまりです。だから、パスタに粉チーズをかけたりするのは、だしを使うのと本質的に同じ行為といえますが、チーズは昆布だしほどうま味が強くありません。その代わり、オリーブオイルをぶわぁっと使いますから、うま味が少なくても味の満足度は高いわけです。

お店によっては、イタリアンでも日本人の好みに合わせて、うま味調味料を使ってうま味を強めにしているところもあります。とくに大衆店にその傾向はありますが、ぼくが勤めたお店は、高級店ではなかったものの、上品な構えのお店でしたので、まさかうま味調味料を使っていたなんて、入る前には想像もできませんでした。

プロの料理人たちも使っていた

当時は、将来的には自分で店を構えた料理人になりたいと思っていましたので、お店の味ってどうやって作るんだろうと考え、いろいろ調べていました。

いろんなお店を食べ歩いたりもするうちに、けっきょく味の決め手はうま味だ、と気づきました。流行(はや)っている飲食店は、やはりうま味が強いんです。

もちろん一概にはいえず、店によって「売り」もさまざまです。とくに高級店や専門店は話が別ですが、「うまい」と評判でお客さんがいっぱいくるような大衆的な料理店は、うま味が尖っているくらいに強いところが多いものです。普通に調理すれば、うま味が突出することなんてぜったいにありません。人気店ではどうやってこういう味を作っているんだろう、と思って調べてみると、だいたいうま味調味料に行き着くんです。

ぼくの働いていたイタリア料理店では、けっこうグルメなお客さんまで、ドレッシングを味わいながら、「このうま味はアンチョビかな」なんていっていました。

つまりは、見えなきゃいいんだ、ともいえます。「味の素が入っています」といわれて食べる味と、味の素が入っていながら、それを知らないで食べる味とでは違うんですね。「ドレッシングのうま味の決め手は味の素」といわれるよりも、「これは秘伝のドレッシングです」といわれて食べたほうが、うまく思えます。ようは心の持ちようなんです。

現実問題としても、原価を守りつつ、おいしい食事を安定して提供するために、味の素は大変役に立ちます。

ぼくとしては、どうせ味の素を使うのならば、お店の側もそれを隠すことなく、正々堂々と使ってほしいと思ってます。

ところで、味の素を使った料理かどうかは、お客の側で、それを食べただけでわかるものでしょうか。

料理や食材に精通した人ならば、ほぼ確実にわかります。かなり顕著に違いが出るのです。

自分で料理を作っていると、食材と味の相関関係が次第に身についてきます。だから、料理を食べたときに、「味の素を使わないで、この食材だけでこんなにうま味がでるわけがない」とわかるようになります。

うま味調味料は、料理にうま味を加える調味料ですから、うま味調味料を使った料理には、その食材を調理したことで生じるうま味を超えた、うま味があるのです。

でも、使い方にもテクニックがあります。上手な料理人であれば、お客にまず気づかれることのないバランスで、うま味調味料を使いこなしています。そうした料理は、とくに香りの使い方がうまいですね。

逆にいえば、香りの効いていない料理は、うま味調味料が入っていることがわかりやすくなります。味のバランスがとれていない料理もわかりやすいですね。塩味や甘味に対して、うま味が突出した料理は、まちがいなくうま味調味料を使っています。

うま味が少ないと高級感が出る

実際のところ、多くの外食産業でうま味調味料は使われています。

ちょっと意外なところでは、たとえばお寿司屋さん。ぼくの友人のお父さんはお寿司屋さんでしたが、そのお店では、酢飯にうま味調味料を使っていました。

友人のお父さんは、「味の素がないと物足りない」といっていましたが、実際、お寿司のシャリにうま味調味料を使っているところは有名店でもかなりあります。

ぼくが一番うまいと思う酢飯は、米酢に塩と砂糖、味の素を加えたものですが、それぞれの調味料のちょっとしたさじ加減で、人によってかなり好みが分かれます。

焼き鳥屋の塩も、あまり意識されていないかもしれませんが、かなりの確率でうま味調味料を使っています。ちょっと考えるとわかるように、もも肉は塩だけでおいしいけれど、内臓はうま味をもっていません。そこでうま味を足しているわけです。高級店ならば昆布水をつけながら焼くところもありますが、うま味調味料でおいしくなれば、それはそれで構わないんじゃないかと思います。

もちろん、うま味調味料を使わないよさもあるんです。うま味が突出することで、ちょっと尖りすぎてしまうところもある。だから、あえてうま味をなくす料理、うま味が強すぎない料理も存在します。

その場合、「高級感」はひとつのキーワードです。和洋中、料理のジャンルを問わず、うま味をあえて控えめにした料理を出すお店は、高級志向の料理店に多く見うけられます。うま味を減らすと、食べた人がどう反応するかというと、味を探します。うま味を少なくして味を探させるような料理には、高級感が生じます。

よく普通の人が高級料理店に行ってみたら、あまりおいしく思えなかった、なんて話を耳にすることがありますよね。あれは、味つけが繊細なので、うま味がうまく見つけだせなかったということです。

ぼくの趣味としては、味を探させる料理はあまり好きではありません。でも、ふだん食べたことのない味を探す好奇心は、多くの人がもっているものです。

うま味調味料のおかげで、今では、料理にうま味をつけるのは簡単です。味のバランスをくずさずにうま味を強くしておけば、文句なくうまい。しかもコストもかかりません。

現在の日本の食文化は、全体にうま味が強すぎるところがありますので、あえてうま味が少ない料理を求める傾向も見られます。高級店でも大衆店でも、いわゆる人気店ならば、お客の好む傾向に合わせて、うま味のさじ加減がとても上手です。

プロの料理人の声

味の素を使用していることを公言しているお店もあります。

味の素社の公式サイトには、業務用として味の素を使っているお店のレポートがあります。「繁盛店の舞台ウラ」というページで、ここでは数多くのお店のかたが、味の決め手として味の素を使用している事実を語っています。

たとえば、「あっさりしているのにコクがある味」が魅力の、ある豚骨ラーメンの人気店の店主のかたはこういいます。なお「味の素Ⓢ」とは、業務用味の素のことです。

「味の素Ⓢ」は素材のうま味をそれ以上に引き出してくれるものやと思ってる。でも、「味の素Ⓢ」を入れれば、なんでもかんでもおいしくなるってわけではないの。入れすぎもよくないし、大事なのはバランス（略）

「味の素Ⓢ」は、ラーメン見習いの頃から絶対入れるもんだったから、今も同じように入れてるね。丼にまず、もとだれ、次に「味の素Ⓢ」の順に入れる。もとだれは〝うちの秘伝のたれです〟って言ってるけど、お醤油で豚バラ肉を煮てね、塩味をちょっと足してるだけ。それが丼の中で「味の素Ⓢ」と一緒になると、全然味が変わる。入れたのと入れないのを食べ比べてみたら、もうどんな人でもすぐにわかる。びっくりするよ。入れないと気が抜けたような味になるからね、入れなかったら大ごとよ。

一方、料理人にして飲食店プロデューサーの稲田俊輔さんは、お店の料理に基本的には味の素を使っていませんが、外食産業の関係者にとっての味の素の悩ましさについて、興味深い発言をされています（WEB別冊文藝春秋連載「食いしん坊のルーペ」第10回「味の素ラプソディ」、２０２２年12月26日更新）。
稲田さんが料理を始めた１９９０年代は、うま味調味料、すなわちＭＳＧ（グルタミン酸ナトリウム）への忌避感が今以上に強かった時代でした。ＭＳＧは「身体に悪いのではないか」という迷信がご自身も拭いきれず、お店の料理にはできるだけＭＳＧ、およびそれを添加した調味料や食材を使わないよう、慎重に避けていました。

ただそうは言っても、お客さんウケが良いのはやはり「うま味の強い料理」です。ＭＳＧは使わない代わりに、毎日引く出汁は徐々に濃くなっていき、それに合わせて味付けも濃くなり、更にはナンプラーや硬質チーズや中華の醬なども駆使して、ガツンとインパクトのある料理を作るようになっていきます。（略）
その後、長い時間をかけて、僕の中での「ＭＳＧ害悪論」という名の洗脳は徐々に解けていきました。しかしその期間に作り続けてきた膨大なレシピのほとんどはＭＳＧを排除したものであり、立ち上げてきた多くのお店のコンセプトそのものにもそれが反映されてきたのは事実です。なので、今でも自分が関わるお店では相変わらずMSGは「基本的に」使いません。それが欺瞞かどうかは別にして、そこには相変わらずそういうものを求めるニーズがありますし、料理人たちにとってのやりがいという意味でも間違ってはいないと自分を納得させています。

レストランなどの飲食店の料理は、おいしいかまずいか、だけが大切なのではありません。広い意味で、表現の問題です。

たっぷり時間をかけて贅沢な素材からじっくりだしを引くといった、調理のハードルが高い料理が食べられるのは、外食の醍醐味です。家庭で再現することがむずかしければ、そのぶんだけ店の料理の価値が高まります。時間や手間、あるいは料理人にとってのこだわりもまた、お客様に提供する商品の一部です。

料理の味って総合的なものですから、味そのものだけではなく、思想まで含めた「お客様の喜ぶ味」を目指します。人間は情報を食っているのです。

プロの料理人なら、味の素を使いこなせます。

味の素を巧みに使える人がプロならば、使えるけれども使わない、という人もプロなのです。

料理研究家の役割

家庭料理の場合は、他人の目を気にする必要はありません。自分の好きなように、好きな味を求めればいいのです。8時間かけて、素材からじっくりだしを準備するのも自由ならば、味の素を使って時短料理を作るのも自由です。

毎日食べるものを、手軽においしく作ることが一番大切です。ぼくのような料理研究家は、そういう、毎日食べる料理に寄り添うために、存在しています。

ぼくは料理人ではなくて、あくまで家庭料理のレシピを作るのが本業です。

レシピを書く人間は、いわばエンジニアです。必要でないプロセスは決して採用しません。家庭料理は、自分で作っておいしく食べるのが目的なので、料理ができあがるまでの工程が少なければ少ないほど、時間的に短ければ短いほど、優秀なレシピといえます。逆に、意味もなく手間がかかってしまうレシピって、システム的には欠陥なんです。

ひとつ例をあげれば、ぼくが発表したレシピのなかで評判を呼んだもののひとつに、

「至高の豚汁」があります。

　これは、「アク抜きをしないで、みそで煮込む」という、日本料理でいえば邪道ともいえる手法を採用しています。アク抜きって面倒ですよね、だから省きました——というわけではありません。じつはアクには旨味（うまみ）が凝縮されています。アク抜きに意味のある豚汁のレシピもありますが、煮込みみそとだしの濃厚なこのレシピの場合は、アク抜きをしないほうがおいしくなるんです。

　手間がかからなくて、おいしいレシピを、いつも模索しています。そのようなぼくにとって、味の素は欠かせない調味料のひとつです。

昔は味の素が身近にあった

　ぼくの祖父母の世代が現役で活躍していた１９５０〜60年代は、味の素が暮らしのなかに溶けこんでいました。

　家庭料理を完成させる調味料のひとつとして、味の素が幅広く活用されていたのです。ちょっとしたことでいえば、祖母は糠床（ぬかどこ）で自家製の糠漬けをつけていましたが、切った漬物には必ず、味の素と醤油をかけて出してくれました。むちゃくちゃおいしかった記憶があります。当時、漬物に味の素をかけるのがけっこう一般的だったのは、今に比べて漬物がかなりしょっぱかったからだ、という説もあります。しょっぱい漬物に味の素を加えると、塩味のカドがとれて味がまろやかになるんですね。

だし文化をはぐくんできた日本人は、昔からうま味が大好きで、うま味そのものである味の素は、かつては高級品でした。実際、ギフト用の美麗な桐箱入りの商品もあり、お中元やお歳暮の定番でもありました。そんな時代を知っている人たちは、味の素のよさについてもよく知っていました。ぼくが高校生のときに81歳で亡くなったひいおばあちゃんも、味の素を普通に使っていました。味の素がどこの家庭でも日常品として使えるほどに安くなったのは、ひとえに味の素社の企業努力のたまものです。

ところがぼくの母の世代、１９７０～80年代になると、家庭料理から味の素が消えてしまいました。

ぼくの母は味の素を使わない代わりに、ほんだしやアジシオを使っていました。アジシオとは、塩にグルタミン酸ナトリウム、つまり味の素の主成分が加わった製品です。

このような世代間の差は、味の素社の統計にも見てとれます。

家庭用のうま味調味料の売り上げは、１９７０年代以降、どんどん下がっているのです。

でも、グルタミン酸ナトリウムの消費量が減ったわけではありません。業務用・加工用の売り上げは、加速度的に上がっていったのです。

味の素社は、1970年に風味調味料「ほんだし」を発売、72年には冷凍食品シリーズ、77年には中華風調味料「中華あじ」、78年には中華合わせ調味料「Cook Do」を発売しました。マルコメ株式会社は、1982年に業界初のだし入りみそ「料亭の味」を発売しています。いずれもグルタミン酸ナトリウムが入っていますので、こうした調味料を使えば、味の素を使う必要はありません。味の素よりも、使用法も簡単です。

あらかじめグルタミン酸ナトリウムの入ったさまざまな調味料が世の家庭に普及するにつれ、味の素そのものの使用は減っていきました。

それと並行するように、「味の素は体に悪い」というイメージが世間に広がっていきました。

1960年代末、中華料理を食べると体に不調が生じるという「中華料理店症候群」がアメリカの医学雑誌で紹介され、その原因はグルタミン酸ナトリウムにあるのではないか、と疑われました。これがきっかけとなり、世界的にグルタミン酸ナトリウムの使用を忌避する傾向が生まれました。

今では、グルタミン酸ナトリウムの健康被害は科学的に否定されていますが、そのマイナス・イメージは消えることなく、世間にはびこっています。

「見えない調味料」

こうして、家庭のキッチンから味の素はほぼ消えてしまいましたが、うま味調味料が入った調味料は、どこの家庭でもあるのではないでしょうか。

味の素社のほんだし、コンソメ、丸鶏がらスープ、ヤマキの割烹白だし、キユーピーマヨネーズ……これらはすべて、味の素と同様のうま味調味料が入っています。

知っている人にとっては、何をいまさら、な話ですが、知らない人がほんとに多いんです。「化学調味料」は毒だから使いたくない、なんていいながら、ほんだしは平気で使う、そんな不思議な人がいくらでもいます。

いまや味の素は、すっかり「見えない調味料」になってしまいました。

市販のめんつゆは、一部の商品をのぞいて、グルタミン酸ナトリウムは普通に入っています。めんつゆをバンバン使いながら、「化学調味料」なんてもちろん使いません！　と誇っている人なんて、わけがわかりません。

最近もこんなことがありました。

ぼくは油そばのレシピをYouTubeの動画で発表しました。

ひと口大にカットした鶏もも肉をニンニクと一緒に炒め、酒、みりんを加えてトロッとするまで煮詰め、さらに丸鶏がらスープを加えて、仕上げにゴマ油と粉末のかつお節を加えたタレという、鶏とかつおのダブルスープでうま味マシマシのやばい逸品です。鶏肉の酒蒸しはそれだけでうま味が豊富で、鶏がらスープの素なんていらないくらいですが、油そばとしては、これくらい濃厚なうま味がほしい。

おかげさまでYouTubeのコメント欄ではたくさんのかたから「おいしい！」と喜んでもらえましたが、そのなかに、「今回は完全無化調ですね、長らく登録を外していました」というコメントがあるのを目にして、ついついぼくは「鶏がらスープは化学調味料入ってるのでチャンネル登録解除をお願いします」とコメントを返してしまいました。

べつにケンカを売りたいわけではありません。純粋に、みなさんに正しい知識を身につけてもらいたいだけなんです。

伝統の味の復権を目指して

味の素を使うなんて、日本の伝統的な食生活に反する、というかたもいます。でも、味の素の歴史は明治の末期に始まって、すでに100年以上がたっています。むしろ「伝統的」な調味料といえるのではないでしょうか。

みそや醤油の起源は大豆や魚を塩にひたして発酵させた「醤（ひしお）」で、現在のみそに近いものは鎌倉時代から室町時代にかけて生まれました。醤油も文献上は室町時代には登場していますが、本格的に広がったのは江戸時代のことといわれています。甘味に恵まれていない日本では、砂糖が庶民でも手に入るようになったのはほぼ明治以降、日常の調味料として広く使われるようになったのは昭和に入ってからのことでした。

日本でソースやケチャップが生産されはじめたのは明治時代、マヨネーズは大正時代です。

日本の食生活は、この日本列島に古来から住んでいた人々が、大陸からやってきた稲作をはじめとする文化的な食習慣を導入し、中国を中心とした外国の影響をたえず受けつづけながら進化してきました。明治以降、そして昭和の敗戦以降は、加速度的に西洋ほか世界中の食文化が流入して、現在に至ります。

生活上のあらゆる側面が進化したように、食文化も進化しました。現代の日本人が江戸時代の食べ物を口にしても、おいしく感じないだろうと思います。おそらく、今のほうが確実にうまい。だって当時は、油も砂糖もほぼ使われず、動物性の肉もほとんどなければ、海岸地帯をのぞいて鮮魚もなかったんです。

昭和のある時期までは多くの家庭で当たり前に使われていた味の素ですが、今ではあまり使われなくなってしまいました。

ぼくの場合は、イタリア料理店での経験から、味の素を積極的に見直しました。それまでうま味調味料無添加にこだわっていた自分は捨てました。おいしいと思ってもらえなければ、意味がない。「人が喜ぶ料理」を一番に考えるようになり、ぼくのレシピはガラッと変わりました。

味の素の使い方で知りたいことがあれば、よく祖父に教わりました。

祖父は昔、いわゆる町中華の料理人をしていました。中華の師匠から仕込まれた祖父は、味の素の使い方についても大変詳しかったのです。

そうやって味の素の使い方を身につけたぼくのレシピは、いわば「先祖返り」です。

食材もレシピも時代によって変化する

じつは、昔のレシピをそのまま再現しても、あまりおいしくありません。味の好みは時代によって変わります。

たとえば、今は甘さ控えめが喜ばれるようになりましたから、昔に比べて、全般に砂糖を加える量は減っています。昭和30〜40年代ごろの家庭料理のレシピを見ると、砂糖ががんがんに入っていてけっこう驚きます。

好みだけではなく、食材の味も変化します。

トマトなんて、ぼくの子どものころと今とでは、ぜんぜん味が違います。

今のトマトは、すごく甘味が強くなっています。そういえば、うちの祖母はトマトに砂糖をかけて食べていたものです。あのころの祖母でも、もし今のトマトを食べたなら、砂糖をかける気にはならなかったでしょう。

イチゴも昔は、練乳や牛乳と砂糖をかけて、スプーンでつぶして食べる習慣がありましたが、今のイチゴは糖度が上がり、何もかけなくても十分に甘いですから、そのような習慣はなくなりました。

無農薬で育てた、味の強い野菜ってありますよね。昔の野菜のほうが味が濃かった、という人もいます。

現在、普通に売られている野菜は、そこまで味が強くありません。というのも一般家庭においては、味の強い野菜は使いこなせないんですね。調理の際に、いつものレシピでは対応できなくなるからです。

たとえばシチューにニンジンを入れる場合、普通はニンジンって脇役です。でも味の強いニンジンだと、主張が強くなってしまいます。味の濃い野菜は、いざ料理に使うとなると、けっこうむずかしいんです。だからそうした野菜は、専門の飲食店で使われる傾向にあります。料理人は腕がありますから、使いこなせるんですね。

もちろん、あえて味の薄い野菜がほしいと思う人はあまりいないと思いますが、味の濃い野菜は渋みやえぐみもけっこう強い。

意外に思われるかもしれませんが、多くの野菜は、今のほうがおいしくなっています。正確には、全体的に甘味が強く、消費者に喜ばれる味になっています。食材も、消費者の求める方向に進化していくのです。

だからぼくの味の素の使い方も、単純に昭和のレシピを復活させたものではありません。現在の食材の味を活かし、令和の人々の味覚に合わせた、ハイブリッド版です。

味の素を使わないなんてもったいない

ちょっと料理に向き合ったことがあれば、「味の素は体に悪い」と信じている人なんて、今ではほとんどいません。

それでも、カジュアルに味の素を使う料理家は、なかなか出てきません。顆粒コンソメや白だしは使っても、なぜか味の素だけは使わない。

以前、ある料理研究家のかたに、「なんで味の素を使わないんですか?」ってきいてみたら、「まわりに叩かれるから」という返事でした。「使ったら、格が下がったように思われる」といわれたこともあります。

むしろレストランのシェフのかたは、家庭向けレシピを教えるYouTubeで味の素を使うようになってきた印象があります。有名な料理人のかたから、「『バズレシピ』のおかげで、レシピに味の素を使いやすくなった」と喜ばれたこともありました。

ぼくの場合、なんで味の素を入れたレシピを平気で発表できたのか、といえば、もともと背負っているものが何ひとつなかったからでしょうね。

イタリア料理店をやめたあと、ちょっとホテルマンに近い仕事だと思って、高齢者専用賃貸マンションのコンシェルジュとして働きはじめました。

高級なマンションでしたから、住んでいるお年寄りはみなさんお金持ちで、舌も肥えていました。ともかくマンションのなかにあるレストランの食事がまずいって評判だったので、みなさんに暮らしの満足度をアップしてもらおうと、会社にかけあい、ぼくが月に2回、40人分の料理を作ることにしたんです。ぼくは大変やる気のない社員でしたが、「これなら好きな料理を仕事に活かせる」と思いましたし、「おれが作ったほうが、レストランよりうまい料理を振る舞えるぞ」って生意気な自信もありました。

実際、始めてみたら、とても喜んでもらえました。毎月続けていくうちに、備忘録代わりにと、作った料理をＳＮＳでアップしはじめたらちょっとバズったため、友人に誘われて、YouTubeで料理動画の配信も始めました。

もうぼくには味の素への忌避感がまったくなくなっていました。味の素を使わなければ表現できない料理のあることもすでに理解していました。

「味の素を使ったら料理家として終わりかも」ともちょっと感じましたが、ぼくは料理店のコックでもなければ、そもそも料理家として始まってもいなかった（料理研究家を名のったのは、初めて自分の料理本を出したときです）。「べつにおれが味の素を使ったっていいんじゃね？」って、なんの構えもありませんでした。

今では、ありがたいことに「リュウジさんのおかげで、これまで避けてきた味の素を使ってみました！」という感謝の声をたくさんいただきます。

それとともに、「手抜きするな」「プロが使うな」「それは禁じ手」「危険な調味料を推奨するな」といった罵倒もがんがんいただきます。SNSで絡まれることはしょっちゅうですが、そんなとき、ぼくは直接反論するので、よくバトルにもなります。

どんなに説明しても、「なるほど、わたしが間違っていました」と考えを改めてもらえることなんて、まずありません。

でもじつは、こうしたバトルは、相手を説得するために行なっているのではないんです。「なんかバトってるぞ」って野次馬感覚で見にきてもらいながら、「本当に味の素って体に悪いのかな？」と、みなさんに能動的に考えてほしいと思っています。

昔のぼくのように、「味の素なんて使うもんか！」と根拠もなしにただ避けているなんて、あまりにもったいないですから。

第2章

うま味調味料とは何か？

味の素とは何か？

そもそも、味の素って、どんなものだと思っていますか。

ここは素直に、味の素社の公式サイトを見てみましょう。

> どんな料理もうま味でおいしく
> 「こんぶのうま味」の素であるアミノ酸（グルタミン酸）から生まれたうま味をきかす調味料です。調理の下ごしらえから仕上げまで幅広く使えて、手軽に料理をおいしくすることができます。

味の素の主な原材料は、グルタミン酸ナトリウム。これは昆布だしのうま味成分そのものですが、味の素を溶かしたお湯と昆布だしとを比べると、大きな違いがあります。

昆布だしには、香りと雑味があります。

だから、濃厚な昆布だしは、それだけで飲んでもおいしく、鉄分、カルシウム、ナトリウム、カリウムなどのミネラルも豊富に含まれています。

一方、味の素だけを溶かしたお湯は、グルタミン酸とナトリウムしか含まれていない無臭の水溶液で、飲んでもおいしくありません。
だしには、香りがある。味の素には、香りがない。
香りの有無は、料理の味を決定的に左右します。味の素を使えば、香りを抜きにして、
純粋にうま味だけを足すことができます。
　塩味を加える調味料として食塩、甘味を加えるものとして砂糖があるように、うま味を
加える調味料、それが味の素です。
　昆布だしの代わりに使える、お手軽な調味料と思っているかたもいるかもしれません。
でも、味の素だけを使っても昆布だしにはなりませんし、味の素を使うことでしか、生み
だせない料理があるのです。
　そのことをしっかりわかっていただくために、この章では、味、うま味、そして味の素
の基本についてお話しします。

味とは何か？

　そもそも、味とはなんでしょう。
　味は、おもに舌で味わっています。

ヒトの口のなかには、舌の上を中心として、味覚受容体である味細胞をもつ、味蕾(みらい)という小さな器官が数千個もあります。

口に入れて噛(か)んだ食べ物から唾液に溶けでた化学物質が味蕾を刺激すると、味蕾は味の情報としてとらえます。その情報が味覚神経を通じて脳に伝達され、脳が「味」として認識します。

味細胞で感じる味は、塩味、甘味、酸味、苦味、うま味の5つに分けられます。

この5つの味は基本味と呼ばれ、ほかのどの味を組み合わせても作ることのできない、独立した味です。色でいえば、赤、青、黄色の三原色のようなものです。

もともと味覚には、体に必要な栄養素を取りこむための、シグナルの役割があるといわれます。

塩味は「ミネラルですよ」というシグナル、甘味は「この食べ物はエネルギー源となる糖質ですよ」というシグナル、酸味は「この食べ物は腐っていますよ（あるいは、まだ熟(う)れていませんよ）」、苦味は「毒性がありますよ」と教えてくれるシグナル。

だから酸味や苦味は、本来は危険を知らせてくれる味です。酢の物やコーヒー、ビールのような酸味や苦味のある飲食物を、子どもはあまり好みませんよね。慣れることによっておいしく思えるようになる、大人の嗜好品（しこうひん）なんです。
では、うま味は？　といえば、「これを食べたらタンパク質が摂取できますよ」というシグナルだといわれます。

　そのほかの基本的な味覚としては、痛覚を刺激されて感じる辛味、口のなかの粘膜が収斂（しゅうれん）することで感じる渋味などがあります。

　それだけではありません。

　嗅覚で感じる食べ物の香り、口のなかで感じる温度や硬さ、噛みごたえ、色や光沢などの視覚情報、聴覚や骨伝導でとらえる咀嚼音（そしゃくおん）などの要素も加わり、五感のすべてを働かせながら、ヒトは食べ物を味わっています。

　さらに、おいしく感じられるかどうかは、そのときの雰囲気や気温、湿度、体調や歯や心などの健康状態、個人的な記憶にも大きく左右されます。

　とりわけ嗅覚は、味を左右するもっとも大切な味覚以外の要素です。

　たとえばお菓子やかき氷シロップなどでよくある、まったくイチゴの入っていない「イチゴ味」は、香料によって生みだされています。そうした「イチゴ味」は赤やピンクをしていることが多く、視覚的にも、「イチゴですよ」と訴えかけているわけです。

かき氷のシロップは、メーカーにもよりますが大半は、赤い「イチゴ」、緑の「メロン」、黄色い「レモン」などは、香料と着色料が違うだけで、味はすべて同じです。

ところで、よくある人工のイチゴの香りは、本物のイチゴから抽出された成分ではありません。そんなことをしたら、コストがかかりすぎます。それをいえば味の素だって、昆布のうま味といいながら、実際には昆布から精製したものではありません。それでも、化学的には昆布のうま味と同一です。

なお、味の素の原材料は、当初は小麦粉でした（後述のとおり現在は主にサトウキビです）。昆布を原材料としなかったのはコストの問題が大きかったと思いますが、今となっては、自然環境の問題も見逃せません。もし現在、世界で使われているうま味調味料をすべて昆布から抽出しようとしたならば、世界中の昆布を使いつくしてしまうほどの生産量です。

おそらく味覚にかぎっていえば、昆布だしはグルタミン酸ナトリウムやグルタミン酸カリウムなど、何種類かの成分を調合したら完全に合成できてしまいます。でも、香りについては、そうはいきません。嗅覚は味覚よりもはるかに複雑で、本物のイチゴの香りを再現しようとしたら、約３５０種類の香気成分が必要といわれています。

第5の味・うま味

かつて基本味は、甘味、酸味、塩味、苦味の4つとされていました。

第5の味が発見されたのは、1908年、東京帝国大学の化学者・池田菊苗博士の功績です。

池田博士は、昆布だしのおいしさの正体がグルタミン酸であることを発見し、その味を「うま味」と名づけました。その後、グルタミン酸のほかにもうま味成分があることが、日本人化学者たちによって突きとめられています。

うま味の研究は、長年にわたって日本がリードしてきた分野です。現在では「umami」という表現が学術用語として世界中で使われています。

なお、「うま味」といわれると「おいしい味」と思われそうですが、あくまで「うま味」は、基本味の一種として名づけられた専門用語です。

甘いのが好きな人でも、甘味＝おいしい、とはなりませんよね。甘いのが好きだからこそ、本当に自分の好みの甘い食べ物かどうか、舌も肥えてきます。うま味も同じです。うま味＝おいしい、ではありません。

本書では誤解を避けるために、「うま味」という言葉は、基本味としての名を指す場合にかぎり使用し、一般的なおいしさの意味では「旨味(うまみ)」と表記します。

学術的には、基本味としての名称には、池田博士が用いた表記である「うま味」を用いるのが一般的です。

3つのうま味成分

代表的なうま味成分は、グルタミン酸、イノシン酸、グアニル酸の3つです。

グルタミン酸は、アミノ酸の一種です。

人間をはじめ、生物の細胞を構成する重要な成分のひとつがタンパク質です。タンパク質は、20種類のアミノ酸が鎖状につながって組成されています。そのアミノ酸のうちのひとつが、グルタミン酸です。

グルタミン酸はほとんどすべての食材に含まれています。人間の体のなかでも作られていて、人体の約2%がグルタミン酸です。体重60kgの人ならば、体内に1・2kgのグルタミン酸がある計算になります。

生まれたばかりの赤ちゃんでも、グルタミン酸のうま味を識別することができます。

赤ちゃんは酸味や苦味を嫌いますが、甘味やうま味を含んだ野菜スープなどは、心地よい味として好むことが知られています。それもそのはず、母乳にはグルタミン酸が非常に多く含まれているのです。その濃度は、昆布だしに匹敵します。

イノシン酸、グアニル酸は、いずれも核酸系に分類されます。細胞核のなかに存在する、生物の体の基本となるものです。

グルタミン酸は多くの食品に含まれていますが、豊富に含んでいる代表的なものを挙げれば、昆布、チーズ、トマトなどです。

イノシン酸は肉や魚に多く含まれています。かつお節はイノシン酸を多く含む代表的な食品です。

グアニル酸は、干しシイタケなどのキノコ類に多く含まれています。

また、食品は加工・熟成するにしたがって、うま味成分が増えていくことが知られています。鰹（かつお）の魚肉自体よりもかつお節のほうが豊富にイノシン酸が含まれていますし、生ハムは熟成にともなってグルタミン酸が増加し、トマトは真っ赤に熟すころ、グルタミン酸濃度がピークに達します。

アミノ酸であるグルタミン酸と、核酸系であるイノシン酸・グアニル酸とでは、うま味の感じ方に違いが見られます。

グルタミン酸は、濃度を上げるにしたがって（ある一定量までは）うま味が増大していきますが、イノシン酸・グアニル酸は、単独では、濃度を上げてもさほどうま味は増大しません。

そのため、うま味を料理に加える調味料として、グルタミン酸は単体でも有効ですが、イノシン酸とグアニル酸はあまり効果がないため、単体で一般販売はされていません。

うま味の相乗効果

うま味は、単独のうま味成分でも味わうことができますが、アミノ酸であるグルタミン酸と、核酸系のイノシン酸やグアニル酸とを組み合わせることで、飛躍的に味が高まることが知られています。

これを「うま味の相乗効果」と呼びます（「うま味の相乗作用」とも）。足し算ではなく、掛け算の効果があるわけです。

日本料理における、昆布（グルタミン酸）とかつお節（イノシン酸）の合わせだしがおいしいのは、このうま味の相乗効果によるものです。

西洋料理や中国料理でも、野菜類（グルタミン酸）と肉類（イノシン酸）を組み合せることで、古くから料理に利用されてきました。「うま味の相乗効果」が発見されたのは１９５５年のことですが、それよりもはるか以前から、世界各地で経験的に料理に活かされてきたのです。

料理にひたすらうま味成分を加えても、おいしくなるものではありません。塩や砂糖を入れすぎると、「しょっぱすぎる」「甘すぎる」と食べられたものではなくなります。うま味成分も、料理に加えすぎると、くどくてまずい味になります。また、分量が多くなりすぎると、それ以上にうま味を感じることができなくなってしまいます。

そのため、うま味を強くするためには、量を加えるのではなく、うま味の相乗効果を使うのが大変有効です。

ここでうま味の相乗効果についての、定量的なデータを示します。

グルタミン酸とイノシン酸の総量を一定にして、その配分率を変えていきます。

グルタミン酸１００％、イノシン酸０％から徐々にイノシン酸の配分率を上げていくと、10％近くまでは、直線的にうま味が増加していきます。

それ以上になるとうま味の増加はゆるやかになり、30～70％のあいだは、ほぼ一定値に達しています。

そして、イノシン酸が90%を超すと、急速にうま味が落ちていきます。

うま味成分の調味料

こうしたうま味成分を、ナトリウム塩（食塩など、ナトリウムを含む化合物のことです）などの形に加工して、水に溶けやすくて使いやすい調味料として商品化したのが、うま味調味料です。

一般的には、グルタミン酸ナトリウムを主な原材料として、イノシン酸ナトリウムとグアニル酸ナトリウムが配合されていますが、配合率は商品によって異なります。

世界で初めてのうま味調味料にしてその代表格といえば、味の素です。

グルタミン酸ナトリウムは、グルタミン酸ソーダ（ソーダとは、ナトリウム化合物の意味）ともいい、略してグルソー、グル曹（曹は曹達の略）とも呼ばれます。

もともと味の素は、グルタミン酸ナトリウムを商品化したものでしたが、現在の味の素は、グルタミン酸ナトリウム１００％ではありません。微量の核酸系のうま味成分を配合して、うま味が強化されています。

市販されている家庭用のうま味調味料のうち、代表的なものは、味の素社の「味の素」

と「うま味だし・ハイミー」、三菱商事ライフサイエンス株式会社の「いの一番」です。ハイミーといの一番は、グルタミン酸ナトリウムに核酸系のうま味成分を高濃度に配分して、うま味を強化した調味料です。いずれもグルタミン酸ナトリウムの比率は92％を占めています。

うま味調味料は、かつては「化学調味料」といわれていました。

うま味調味料や味の素を指して「ＭＳＧ」という人もいます。monosodium glutamate（グルタミン酸ナトリウム）の略称です。

味の素、うま味調味料、ＭＳＧは、それぞれ意味が微妙に異なる言葉ですが、いずれもグルタミン酸ナトリウムを指す文脈で使われます。だいたい次のような関係です。

味の素（商品名）
＝うま味調味料（味の素を含む総称）＝化学調味料（過去の総称）
＝グルタミン酸ナトリウム（うま味調味料の主成分）＝ＭＳＧ（その英語の略称）

本書ではできるだけこれらの言葉は使い分けようと意識していますが、全部ざっくり味の素でいいじゃん！　という気持ちも正直あります。

原料はサトウキビ

現在、グルタミン酸ナトリウムは、発酵菌の働きによって製造されています。みそや醤油、お酒などと同じ、発酵法です。

おもな原料はサトウキビですが、キャッサバ芋（これはタピオカの原料です）やトウモロコシも使われています。

サトウキビの糖蜜やトウモロコシの澱粉を発酵菌の力で発酵させて、グルタミン酸が生まれます。これをグルタミン酸ナトリウムとして結晶化し、同じく発酵法で製造したイノシン酸ナトリウムとグアニル酸ナトリウムを微量に加えたものが、現在の味の素です。

ここで使う糖蜜とは、サトウキビなどから砂糖を作る過程で生まれる副産物のことで、黒褐色のどろっとした液体です。甘みもあるのでそのまま甘味料にも使われ、アルコールなどの原料にもなります。

砂糖を作るための副産物、つまり残り汁なので、糖蜜は廃糖蜜ともいわれます。そのため、「サトウキビが原料だといってるが、本当は廃物が原料だ」とディスられることがあります。

ところで、「おから」ってありますよね。ぼくもおからで作ったポテトサラダやナゲットなどのレシピを発表しています。

おからは豆腐の副産物で、大豆から豆腐を作るときに生まれる搾りカスですが、１９９９年のある裁判では、「おからは産業廃棄物である」と正式に認定されています。

国内で豆腐を作る過程で生まれるおからのうち、食用として食べられているのはほんの１％にすぎません。大半は、家畜の飼料や肥料にされますが、５〜９％は、産業廃棄物として処理されているのが実態です。じつにもったいない。

むしろぼくは、「うま味調味料の原料は、砂糖の副産物である廃糖蜜です」という事実は、無駄がなくて素晴らしいと思っています。廃棄物を出さないことが企業に求められている今、サステナブルなものとして、国際的に評価されるあり方です。

グルタミン酸ナトリウムなんて自然界に存在しない？

グルタミン酸は天然の昆布に存在するが、グルタミン酸ナトリウムは人工的な物質である、と主張する人もいます。でも、これは間違いです。グルタミン酸ナトリウムは、水に溶かすと、グルタミン酸とナトリウムイオンに完全に分かれます。

このグルタミン酸とナトリウムイオンは、天然の昆布に含まれている成分と、化学的にまったく同じです。

ここから、高校で習うレベルの化学の話をします。ちょっとむずかしく思うかたもいるかもしれませんが、高校中退のぼくでもわかる話なので安心してください。

グルタミン酸などアミノ酸は、水溶液中では、酸と塩基の両方の性質をもちます。グルタミン酸は、中性の溶液中では陰イオンとして存在しています。グルタミン酸ナトリウムを溶かした水は中性なので、グルタミン酸は陰イオンとして存在しているわけです。

一方、グルタミン酸の結晶は水に溶けにくく、なめるとちょっと酸っぱいです。グルタミン酸は、その名のとおり酸性ですから。

グルタミン酸はうま味成分である、と何度もいってきましたが、じつは正確には、グルタミン酸の陰イオン状態、グルタミン酸イオンがうま味の正体です。

実際、うま味成分を突きとめた池田博士は、うま味を呈するのは、グルタミン酸ではなく、グルタミン酸塩（グルタミン酸ナトリウムやグルタミン酸カリウムなどの化合物）であり、グルタミン酸イオンである、といっていました。

さて、昆布は中性なので、グルタミン酸は陰イオンとして溶けこんでいます。この陰イオンは、昆布に存在するナトリウムやカリウムなどの陽イオンに相殺されています。そのため、昆布の抽出液を濃縮すれば、グルタミン酸ナトリウムとグルタミン酸カリウムの混合物が得られます。ここで得られるグルタミン酸ナトリウムと、工業的に作られたMSGとは、化学的に同一の物質です。

つまりグルタミン酸ナトリウムは、自然界に存在する物質なんです。

「調味料（アミノ酸等）」はうま味調味料

現在、グルタミン酸ナトリウムをはじめとするうま味調味料は、加工食品や飲食店において広範囲に使用されています。

食品衛生法上、醤油、塩などの調味料は食品の扱いですが、グルタミン酸ナトリウムやイノシン酸ナトリウムといった調味料は、食品添加物として取り扱われています。

食品添加物は、原則としてすべて物質名で食品に表示するよう、食品表示法で定められています。ところが、物質名ではなく、一括名で表示できる例外が認められている添加物もあり、調味料もそのひとつです。

グルタミン酸ナトリウムに代表される、アミノ酸系の調味料を使用する場合は、「グルタミン酸ナトリウム」と物質名を書かずに、「調味料（アミノ酸）」と記載してもよいことになっています。同じように、イノシン酸ナトリウムなど核酸系を使用する場合は「調味料（核酸）」、主としてアミノ酸系の調味料を用いながら核酸系なども含まれる場合は「調味料（アミノ酸等）」として記載することができます。

市販のお菓子やコンビニ弁当、風味調味料、なんでもけっこうですので、お手元にあれば、ぜひ原材料名の表示を見てください（添加物は原材料名と欄を分けて記載することが原則ですが、原材料名の欄内に「／」で区切りを入れて添加物を記載する方法も認められていて、多くの加工食品では後者で記載されています）。

「調味料（アミノ酸）」あるいは「調味料（アミノ酸等）」が入っていませんか。

前者であればグルタミン酸ナトリウム、後者であれば、グルタミン酸ナトリウムを主としたうま味調味料が入っていると思って、ほぼほぼ間違いありません。

この「調味料（アミノ酸等）」の表記、ぼくはすごく不満なんですね。はっきり「調味料

（グルタミン酸ナトリウム）」「調味料（ＭＳＧ）」と書いてくれよ！　と味の素ファンとして心から思います。

ぼくの知るかぎり、正々堂々「グルタミン酸ナトリウム」と記載している商品は、ひとつだけです。それは、味の素社の「アジシオ」です。アジシオの表示はこうなっています。

原材料名：海水（日本）／グルタミン酸ナトリウム

「調味料（アミノ酸等）」の意味は、知っている人にとっては当たり前のことですが、知らない人にとっては、まったく理解できません。

じつはぼくの観測上、「味の素ってヤバいよね」っていってくる人は、「ほんだし」を使っている確率がめちゃくちゃ高いです。ほんだしには、もちろんうま味調味料がしっかり入っています。表示はこうです。

原材料名：食塩（国内製造）、砂糖類（砂糖、乳糖）、風味原料（かつおぶし粉末、かつおエキス）、酵母エキス、酵母エキス発酵調味料／調味料（アミノ酸等）

「味の素や食品添加物って、なんか危険だから使わない」といいながら、ほんだしを平気で使っているようなエセ自然派な人って苦手です。せめて最低限の知識を身につけて、原材料名ぐらいはチェックしてほしい。

今の日本では、ありとあらゆる加工食品にうま味調味料が使われている、といっても過言ではありません。うま味調味料をできるだけ避けてオーガニックな食生活を送るためには、かなりの努力が必要です。それを徹底している本物のオーガニックな人は、カッコいいなって思います。考え方はぼくと違いますが、素直に尊敬します。

無添加の調味料

酵母エキスとタンパク加水分解物は、どちらもうま味とコクを与えてくれる調味料です。もっぱら加工食品に用いられ、そのまま家庭で使われることはほぼありません。

本書のテーマは、加工食品や外食産業ではなく、あくまで家庭料理ですが、ここで簡単に触れさせていただきます。

酵母エキスとは、酵母のもつ有用な成分を抽出したもので、アミノ酸のほか、核酸系の物質やミネラル、ビタミンなどを含みます。

タンパク加水分解物とは、動物・植物由来のタンパク質を加水分解して得られるアミノ酸の混合物です。

加水分解を行なう際には、塩酸を用いるのが一般的です。塩酸というと不安に感じる人もいるかもしれませんが、塩酸は、胃液にも含まれています。胃のなかでタンパク質が消化されるのと同じ原理です。加水分解後は、アルカリで中和して、除去されます。

酵母エキスとタンパク加水分解物は、いずれも分類上は食品添加物ではなくて、食品です。そのため、これらを使った加工食品は「無添加」と表記されていることがあります。「化学調味料無添加」を売りにした市販だしでも、原材料名の表示を見ると酵母エキスやタンパク加水分解物が入っていることがよくありますが、これらには、じつは味の素と同じ成分が含まれています。

これって「化学調味料」を入れるのと、なんの違いがあるのでしょうか。

「化学調味料」は避けたい！　と思うかたは、原材料名の欄を確認し、「調味料（アミノ酸等）」などとある食品を避けるのは当然、「酵母エキス」「タンパク加水分解物」とある食品も、同じように避けることをお勧めします。

念のために申し添えますが、酵母エキスやタンパク加水分解物が危険であると主張する意図は、まったくありません。あくまでつじつまの問題です。

こうした事態が生じたのは、食品添加物の不使用表示について、食品表示基準第9条に規定された表示禁止事項があいまいだったからです。そこで2022年3月、消費者庁は「食品添加物の不使用表示に関するガイドライン」を策定しました（2024年3月末まで猶予期間）。

このガイドラインによれば、「化学調味料無添加」などと表示することは、表示禁止事項に該当するおそれが高いとされています。また、酵母エキスやたんぱく加水分解物など、グルタミン酸などのアミノ酸を多く含む原材料を使用しながら「調味料（アミノ酸）無添加」「うま味調味料無添加」などと表示することは、「食品添加物を使用した商品よりも優良又は有利であると誤認させるおそれがある」ため、同じく表示禁止事項に該当するおそれが高いとされています。

化学調味料からうま味調味料へ

「化学調味料」とは、1960年ごろから、NHKが料理番組のなかで商品名の使用を避けるために、「味の素」などの一般名として使いはじめた言葉です。当時のＮＨＫの影響力は大変強く、その名が一気に広まり、味の素社ほか各メーカーでもその名を使うようになりました。

『味の素株式会社社史』（１９７１年）によれば、「化学調味料」という用語が使われはじめたのは、ラジオ放送の開始された１９２５（大正14）年ごろのこと、１９３２（昭和７）年にはＮＨＫラジオ（当時のＪＯＡＫ）の料理番組で「味の素」を「調味料」と呼び、のちに「化学調味料」の名が採用されるようになった、とあります。

でも、ＮＨＫのテレビ放送で使われるまでは、この名はあまり浸透していなかったようです。調味料であるグルタミン酸ナトリウムを指す一般名としては、グルタミン酸ソーダという工業名、ならびにその略称のグルソー、グル曹が一般的で、各社の広告では、「家庭調味料」「御家庭調味料」の名もよく見られました。けっきょく、一般的には、味の素社以外のメーカーの製品も含めて、ざっくり「味の素」と一般名的にいわれてきたわけです。

これは、油性マーカーがマジック（寺西化学工業の商品名「マジックインキ」の略称）と、セロハンテープがセロテープ（ニチバンの登録商標）と呼ばれるのと同じですね。業界トップの商品であるがゆえですが、味の素社としても「味の素」が一般名化することに、戦前から危惧を抱いていました。

「毎日新聞」夕刊1960年11月18日付の生活欄には、「第五の味〝化学調味料〟」という見出しで、化学調味料についての解説記事が載っていますが、その冒頭にこうあります。

「ちかごろはテレビの料理の時間があったりして〝化学調味料〟といういかつい言葉もポピュラーになってきた。それどころかいまでは塩、砂糖にならぶ三大調味料の一角とさえいわれている」

ここで注意してほしいのは、当初「化学」は経済成長のシンボルとして、先進的でポジティブなイメージだったことです。ところが自然志向や健康志向が強まるとともに、人工的で健康に悪い印象へと次第に変わってしまいました。

そのような時代の流れを受け、業界団体「日本化学調味料工業協会」（1948年に「グルタミン酸ソーダ工業協会」として設立され、1967年に改称）は、1985年に「日本うま味調味料協会」へと改称され、「うま味調味料」の名を世間に提唱します（同協会の会員企業は現在、味の素社、三菱商事ライフサイエンス株式会社、ヤマサ醤油株式会社、株式会社新進の4社）。

現在、味の素社の公式サイトでは、「うま味調味料の名称になった理由」として次のように説明しています。

1.「うま味」が甘味、酸味、塩味、苦味とは異なる基本味として科学的に認められたこと。
2.「化学調味料」という名称では製品特性（うま味を与える調味料であること）が表現されていないこと。
3.「化学調味料」という名称では化学物質のイメージが強く、天然原料を用いて発酵法で作られている製品であることを適切に表現していないこと。

メディアにおける「化学調味料」

現在では、食品表示基準など行政上でも「化学調味料」の名は使われなくなり、「うま味調味料」に統一されています。でも世間的には「化学調味料」という言葉もまだ生きつづけ、しかも一般的にはかなりネガティブな文脈で使われています。

「無化調」ってありますよね。よくラーメン屋さんで掲げていますが、「化学調味料不使用」の意味です。「うちの店では化学調味料を使っていませんよ！」と誇っているわけですから、当然、うま味調味料に否定的なわけです。ためしにＳＮＳで「化学調味料」を検索してみてください。もう、悪口ばっかりです。

じつはぼく自身は、「化学調味料」という言葉、悪い印象がないどころか、むしろ好きなんです。とはいえ、この名のせいで「体に悪い！」と条件反射的に感じる人がたくさんいる以上、「うま味調味料」に改称せざるをえなかった現実も感じます。

２０２２年２月７日に放送された、ＴＢＳ系の朝の情報生番組『ラヴィット！』で、出演者のひとりが「化学調味料」と発言すると、アナウンサーが「うま味調味料」と訂正を入れました。これはネットニュースにもなり、「化学調味料」は放送禁止用語なのか⁉とちょっとした物議をかもすことになりました。

ウェブメディアの『道浦俊彦ＴＩＭＥ』における「新・ことば事情７１９１「無化調」」（２０１９年７月10日配信）によれば、２０１９年２月に開かれた新聞用語懇談会放送分科会の席上で、「「化学調味料」という言葉をどう扱っているでしょうか？」という質問が出て、日本テレビは「スポンサーが重要なので、「化学調味料」という言葉は使わないように、毎年１回は注意喚起をしている。タレントが口にしてしまったら、マネジャーを通して注意してもらう。しかし伝わらないこともあるが・・・」と回答しています。

　1990年に改定された「日本標準商品分類」（現総務省）や2002年に改定された「日本標準産業分類」（総務省）などの行政用語において「化学調味料」から「うま味調味料」に名称が変更されたことを受けて、NHKでは、「「きょうの料理」という番組では「うま味調味料」と表現すると決めている。ただ「化学調味料」という表現を使わざるを得ない場合もある。その場合には「化学」を取って単に「調味料」だけにしていることも」ともあります。

　全国放送の民放各社は「うま味調味料」への言いかえを行なっており、新聞業界でも、読売新聞や共同通信では、1995年1月1日施行の「統計法」において「化学調味料」が「うま味調味料」に表記変更されたのを受けて、紙面の記事では、化学調味料を使わずうま味調味料を用いることにしているといいます。


味の素の賞味期限は？


　味の素に賞味期限はありません。

賞味期限がない？　やっぱりヤバい工業製品だから？

そんなことを思うかたもいるかもしれませんね。でも、賞味期限のない調味料って、ほかにもあるんですよ。

塩。砂糖。

ヤバいですか？

塩や砂糖は、湿気(しけ)ってしまうことがありますよね。味の素も、湿気ることはあります。白くてサラサラした結晶体の味の素ですが、湿気って少し固まってしまうことがあります。そんなときも、ほぐせばサラサラになります。

味の素はグルタミン酸ナトリウムを主な原材料として、ごくわずかのイノシン酸ナトリウムとグアニル酸ナトリウムを添加したもの、というのはすでに説明しました。じつは、これらの成分は塩よりも湿気りにくい物質なので、保管も容易です。

ぼくが発表するレシピでは、どこの家庭にもある食材と調味料をできるだけ使っているつもりですが、味の素だけは「持ってません」という声をけっこうもらいます。

さすがに、砂糖や塩を「持ってません」なんていってくる人はいません。白だしやオイスターソース（ぼくのレシピでよく使う調味料です）は、持っていない人も多いのですが、みなさん、レシピに興味をもてば買ってくれます。だけどなぜか味の素だけは、「持っていません。買いたくもないです」なんてことをさんざんいわれます。

くりかえしますが、味の素に賞味期限はありません。死ぬまでに使いきれば無駄にならないので、ためしにひと瓶、思いきって買ってみてください。

次章では、味の素の具体的な使い方を説明します。


味の素が体質に合わない？


レストランなどのお店の料理で、味の素が入っているのかどうしても気になるかたは、お店の人に、こんなふうに尋ねてみてください。

「わたしは化学物質過敏症なんですが、こちらのお料理に味の素は入っていますか？」

こうきかれたら、お店側としてはまず正直に答えるしかありません。

「化学物質過敏症」の定義もむずかしく、グルタミン酸ナトリウムは自然界に普通にあり、ヒトの体内でも作られている物質なのだから、違和感を覚える人もいるかもしれません。

でも、「味の素を摂取すると、どうも体調がよくない」という自覚のあるかたならば、こう尋ねても差し支えないと思います。くれぐれもイタズラ心で尋ねることは慎んでください。たんにお店に迷惑をかけるだけですので。

実際、体質的に、グルタミン酸に対して過敏反応する人は、少数ながらもいるといわれています。

卵、牛乳、小麦、そば、ピーナッツ、魚卵のアレルギーは有名ですが、ゴボウ、納豆、スパイスでアレルギー症状が出る人もいます。グルタミン酸はアミノ酸の一種で、このサイズの物質が免疫系のアレルギーを引き起こすことはまず考えられませんが、グルタミン酸に対する耐性にも個人差があります。

味の素を摂取するとなんらかの体調不良が生じる人、自分は化学調味料過敏症じゃないかと感じている人は、うま味調味料がダメなのではなく、グルタミン酸が苦手なんだと思います。

そういう人は、おそらく濃度の濃い昆布だしや完熟トマトも苦手なはずです。

興味深いことに、味の素は、世界的に見れば、中国、韓国、台湾、東南アジアなど、日本を含むアジア圏では人気があるのに対して、欧米での普及率は低いという事実があります（とはいえ、近年、北米でのMSG消費率は増加傾向にあります）。

そのため、アジア系の人のほうが、アングロサクソン系の人に比べて、グルタミン酸への耐性が強いのではないか、という説もあります。

味の素で舌がベタベタ、ピリピリする？

味の素の入った料理を口にすると、舌が「化学調味料でベタベタする」という人がいますが、あれは正確ではなくて、グルタミン酸の味です。

味の素はダメだけど昆布はおいしいという人がいますが、それは香りにジャマされているせいか、舌が間違っています。

あるいは、味の素の使い方が間違っています。味の素は精製された純粋なうま味成分なため、この「尖った味」が前面に出てしまっているんだと思います。基本的に、昆布のだし汁をおいしいと思える人なら、味の素もおいしく感じられるはずです。同じグルタミン酸のうま味なんですから。

ただし、味の素を溶かしたお湯と昆布だしとを比較しても意味がありません。昆布だしはすでにひとつの料理であるのに対して、味の素は、料理に使うことで初めてその効果が発揮される調味料です。

味の素をなめると舌がピリピリするという人もいますよね。これについては、ある意味、正しいと思います。

調味料でもなんでも、物質が舌の上で溶けたら、少なからず水分をとられます。食塩をなめても同じはずです。舌の上で脱水症状が起きているのです。

それに味の素って、純粋なうま味成分ですから、なめてもおいしくないんですよね。単体でなめると、個人的な感覚としては、ある種、脳がバグった状況になります。うま味に対する耐性は個人差があって、味の素をなめて「うまい！」と感じる人もいますが、少なくともぼくの場合は、まったくうまいとは感じられません。

また、人はある種の味を苦手だと思ったとき、「舌がピリピリする」と錯覚することがあるといわれます。味の素単体ではなく、うま味調味料の入っている料理に対して「舌がピリピリする」と感じる人は、そのせいかもしれません。あるいは、うま味調味料ではなく、他の食材がそう感じさせている可能性もあります。

いずれにしても、数十年にわたってさまざまな実験が繰り返されてきましたが、「グルタミン酸ナトリウムによって舌がピリピリした」症例が確認されたことはありません。


味の素は舌をバカにする？

うま味は強いほうが好きというと、「こんなものが好きなのか。おまえは舌がバカか」なんて批判を受けます。

甘味や酸味、苦味については、いくら濃い味が好きでも、「舌がバカ」とか「味音痴」なんていわれません。でも不思議なことに、うま味の場合は、なぜかいわれる。

考えてみれば、うま味だけではなく、塩味も同じですね。「こんなしょっぱいのが平気だなんて、舌がバカなんじゃないか」などと、批判されます。

たしかに味には慣れがあり、濃い味をとりつづけると、次第に薄味では物足りなくなっていきます。

「味の素をとりすぎると、味覚障害を引き起こす」などといわれたら、ドキッとするかもしれませんが、これはたんに、「味の素をとりすぎると、薄いうま味では物足りなくなることがあります」という意味にすぎません。「食塩をとりすぎると、薄い塩味では物足りなくなることがあります」と同じです。

この「化学調味料」問題は、『美味（おい）しんぼ』でしばしば取り上げられました。雁屋哲原作・花咲アキラ作画によるグルメマンガの金字塔『美味しんぼ』は、1983年に連載開始され、1988年にはテレビアニメ化、コミックスは100巻を超え、累計発行部数は1億部を軽く突破しています。

「日米味決戦」（第9巻所収）で、主人公の山岡士郎はこう語ります。

確かに昆布や野菜の旨味はグルタミン酸ソーダの味だし、魚や肉の旨味はイノシン酸ソーダです……。

しかしだからと言って、それらを大量に加えれば本当の旨味が得られるとは言えない。

物それぞれに風味と旨味があって、だからいろいろな物を食べる喜びがある。化学調味料をかくし味程度に使うならまだしも、大量に加えてしまっては何を食べても同じ化学調味料の後味が残ってしまう。

日本では加工食品や外食産業で化学調味料が大量に使われている。その結果今の日本人、とくに若い人たちは舌が化学調味料に慣れてしまって、自然の物の味では物足りなく感じるようになってしまっているんだ。

ぼくのほとんどのレシピでは、味の素や市販の白だし、顆粒コンソメを使っています。これは、ファミリーレストランやコンビニでおなじみの味つけです。現代人はこうした味に舌が慣れているので、なんらかの形で素材にうま味を添加したほうが、みんなにおいしいと思ってもらえます。

うま味調味料をがんがんに使った加工食品や外食産業の味に舌が慣れてしまって、現代人は繊細なだしのうま味や香りが感じられなくなっている、それは事実だと思います。

でもぼくは、それでもいいと思っています。いや、それがどうかしたの？　くらいに思います。砂糖が貴重品だった時代に比べて、甘味に舌が慣れてしまった現代人は、野菜や米がもっている繊細な甘みには確実に鈍くなっているはずですが、それを問題視する人がどれだけいるでしょうか。

舌が退化したのではありません。料理が進化したのです。

「外食はうま味過多なので、せめて家で作る料理にはうま味を入れたくない」、そう思うかたもいるはずです。家庭料理は、自分たちだけがおいしく思えればいい楽園です。思う存分、好きな料理を楽しんでください。

じつは、味の素を使いこなせる人は、舌が敏感です。うま味に対して自覚的でないと、うま味は使いこなせません。

味の素は引き算の調味料

味の素を否定する意見として、よくこんな意見も耳にします。

「味の素なんて使わずに、昆布からじっくりだしをとって、自然本来のうま味を味わってください」

もちろん、昆布から引いただしは、うまいです。だしの文化で暮らしている日本人にとって、5つの基本味のなかでもうま味は、かなり大切にしている味覚です。昆布とかつお節による、うま味の相乗効果を効かせた合わせだしのおいしさを、知らない人は少ないでしょう。

でも、実際に昆布のだしをキッチリとってみてください。すると、うま味だけではなく、昆布の匂いもだしに加わり、料理の味の方向を決定してしまいます。昆布の豊かな香りによって、どんな料理を作ろうとしても、いつもおんなじ、和の味になってしまいます。

そもそも、自然本来のうま味が味わいたければ、野菜はドレッシングもかけずに生のまま、刺身だって醬油をつけずに食べたほうがいいはずです。

料理のおいしさは総合的なものです。うま味は加えたいけれど、昆布の香りは加えたくない、むしろ素材そのものの香りを活かしたい。そんなときこそ、味の素の出番です。

よく和食は「引き算の料理」、洋食は「足し算の料理」といわれます。

和食では、素材からアクや臭みを差し引いて、最小限の調味料のもとで、素材そのものの味や香りを最大限に引きだすことが重要視されます。一方、洋食では、素材に調味料やソースなど、味と香りを足していくことで、複雑な味わいを生みだしていきます。

その意味で、味の素は「引き算の調味料」といえます。

昆布から香りや雑味を差し引き、昆布のもつうま味だけを抽出した夢の調味料——味の素を使うことによって、初めて人類はうま味を自由自在にコントロールできるようになったのです。

第3章

うま味調味料の至高の使い方

塩味と香りがうま味をおいしくする

まずためしに、味の素をなめてみてください。

おいしくないですよね。というか、まずいと思います。

次に、コップにちょっとお湯をそそいで、味の素を何振りかしてみてください。

さらさらの白い結晶は、簡単に溶けます。このお湯をなめても、当然おいしくありません。

ここに塩を軽く加えて溶かし、同じようになめてみてください。

ちょっとだけ、お吸い物っぽくなっていませんか。

うま味を「おいしい」と感じるためには、塩味が必要なんです。味の素を使う場合は、塩味が大前提です。

さらに、削り節をぱらっと入れてみてください。

アミノ酸系のグルタミン酸ナトリウムと、かつお節のもつ核酸系のイノシン酸が合わさることで、うま味の相乗効果が生まれ、うま味が濃くなります。

同時に、かつお節の香りが加わったことで、お吸い物のおいしさに近づいたはずです。

うま味、塩味、香り、この3つがそろうことで、初めて料理になるのです。

うま味だけの味の素に対して、ほんだしや鶏がらスープの素、顆粒コンソメなどは、製造工程で、うま味、塩味、香りの３つすべてを盛りこんでいます。だから、そのままお湯に溶かすだけでも、それなりのおいしさがあります。

「味の素＋塩＋かつお節」の溶液で、味の素を加える量を増やしたり減らしたりしてみると、味の素がごく少量のときのほうが、本物のお吸い物っぽく感じられると思います。また、味の素が多いほど、かなり人工的な味といいますか、妙な味になります。

うま味調味料が多すぎると、「人工的な味」とか「作り物の味」などといわれることがありますが、これは正しい感想です。つまり、うま味だけが突出しているんですね。自然の食材だけを組み合わせた料理ならば、うま味以外の味や香りが複合的にともなっていない味なんて作れません。

塩は入れれば入れるほどしょっぱくなりますが、味の素は、入れたぶんだけうま味が増すわけではありません。舌が飽和状態になってそれ以上のうま味を感じられず、わざとらしい味になってしまいます。

レシピ1：無限キャベツ

・キャベツ　¼玉
・しらす　25g
・塩　小さじ⅓
・ゴマ油　大さじ1
・黒コショウ　適量
・味の素　6振り

ぼくの料理研究家としての出世作といいますか、初期のころにネット上でむちゃくちゃバズッたレシピが、「無限キャベツ」です。

これはキャベツを千切りしてザルにあけ、たっぷりの熱湯をまんべんなくかけてから湯ぎりしてギュッと水気を絞り、ボウルに移して、しらす・塩・ゴマ油・味の素・黒コショウを入れて混ぜたら完成です。

ここで「味の素　〇振り」とあるのは、70g入りのいわゆる「アジパンダ瓶」で振りかける回数です。1振りは、約0・1gに相当します。

じつはこれ、味の素がないと作れない、典型的なレシピです。

味の素の代わりにかつお節を使うと、もうかつお節の香りがプンプンしてしまいます。うま味だけを加えて、ゴマ油とコショウの風味をしっかり活かしたい。だから、無限キャベツの味は、昆布だしやかつお節では再現できません。

レシピ2：卵かけご飯

・ご飯　150g
・卵　1個
・醤油　小さじ2
・味の素　3振り

醤油(しょうゆ)と味の素、この相性はもう100%です。ものすごくおいしい。

一般に、うま味は塩味のカドをとってくれます。醤油に味の素を入れると、塩味のカド

がとれ、丸みを帯びて、舌に広がるうま味に奥行きが生まれます。

なめただけでもわかりますが、卵かけご飯にしてみたら、その違いがよりはっきりわかります。

醤油は大さじ1弱（大さじ1＝小さじ3）くらいでもOK。塩加減はお好みに合わせてください。

さらに応用編として、ほんのちょっとだけ手間をかけた「至高の卵かけご飯」の作り方を説明しておきます。

炊飯器のご飯をお茶碗に盛ったらラップをかけて、20～30秒くらい電子レンジで温めます。

なぜあったかいご飯をさらに過熱するのかといえば、炊飯器で保温されているご飯はだいたい70～80度なんですが、これを90度以上にするためです。

レンチンしたら、生卵の白身（卵白）だけをのせ、味の素とオリーブオイル（ぜひ一番搾りでクセのない、エキストラバージンオイルを使ってください）を加えて、よく混ぜます。

こうすることで、卵白のタンパク質が凝固して、軽い半熟状態になります（タンパク質は80度を超えると熱変性を起こす性質があります）。ご飯と卵白がきれいに混ざり、生卵の白身のズルズルしたのが苦手なかたには、とくにお勧めです。

最後に、卵黄をのせ、お醬油をかければ、できあがり。

よく混ぜて召し上がってください。濃厚で香りもコクも最高です。オリーブオイルと醬油の相性も抜群。食べてる途中で、味変として黒コショウをかけてもうまいです。

レシピ3：納豆ご飯

・ご飯　200g
・納豆　1パック
・卵　1個
・長ネギ　20g
・ゴマ油　小さじ1と½
・醬油　少々
・味の素　3振り

卵かけご飯のついでに、ぼくにとっての至高の納豆卵かけご飯も紹介します。これはぼくが味の素を初めて意識した、おじいちゃんの思い出の味をぼくなりに調整したものです。

納豆は、最初に何も入れない状態で混ぜてください。そのほうが粘りが出ます。よく混ぜてから、長ネギの白い部分をみじん切りにしたものと、卵の卵黄を入れて混ぜあわせます。醤油は、納豆の付属のたれでＯＫ。お好みで付属のからしも入れてください。じつはワサビをいれてもうまいです。

ご飯のほうは、「至高の卵かけご飯」と同様、卵白と味の素、そして油を加えて混ぜます。納豆にはゴマ油のほうが合うと思いますが、オリーブオイルでも大丈夫です。

ここに、混ぜあわせた卵黄＋刻みネギ入りの納豆をのせます。

納豆の調味料や具材に凝っても、ご飯のほうはそのまんまの白米ってかたがほとんどですよね。ぼくのこのやり方は、納豆のうま味に、ゴマ油＋卵白、そして味の素を加えたご飯のうま味が合わさることで、全体の一体感ある調和を作りだしています。

レシピ4：かちゅー湯

・みそ　小さじ1と½
・かつお節　3g
・お湯　150cc
・味の素　2振り

「かちゅー」とは沖縄の言葉で「かつお」の意味です。みそとかつお節をお椀に入れて、お湯をそそぐだけ。鍋も使わない、手軽な即席みそ汁です。

まずは味の素を入れないで、ひと口、飲んでみてください。これだけでも、たしかにうまい。

今度は味の素を入れてみてください。2振りで大丈夫です。

どうですか？　グルタミン酸とイノシン酸の相乗効果で、爆発的にうま味が広がり、かつお節のみそスープが、超高級みそ汁に生まれ変わります。この威力、感じてください。

さらに、ネギを刻んでぱらぱらと振りかけたら、二日酔いにも最高です。

手軽でおいしい、かつおだしの作り方

ここで、昆布と並ぶうま味の代名詞的存在、かつお節について触れておきます。

かつお節って、考えてみるとかなり不思議な食材です。鰹の身を煮て、何回もいぶしては乾かし、カビづけして日干しにして、カチンカチンのかつお節ができあがります。

もともと鰹は、その身を干すと堅くなることから「堅魚」と呼ばれ、それが「かつお」に変化したといわれています。日本では古代から食料とされてきましたが、現在のかつお節に近い形が生まれたのは、室町時代になってからのことだとか。

かつお節は、世界一堅い食材ともいわれます。あれを尖らせたら、人間だって簡単に刺せますね。よくこんな妙な食材が生みだされたものです。

削り器で削って、木片のような切片を煮出せば、おいしいだしがとれます。

でも、だし汁の作り方って、人によってけっこう違うんです。料理本やネットの説明を読んでも、かつお節を煮る時間もまちまちで、一番だしや二番だしなどもあったりして、ちょっと複雑に感じてしまいます。

ぼくもいろいろ試してみましたが、最終的にたどりついた、もっとも手軽でおいしく、さらに汎用性もある、かつおだしのとり方を説明します。

その名は「池森システム」。

ロックバンドDEENの池森秀一さんに教わった方法です。

池森さんはそば料理研究家としても有名ですが、YouTubeの動画で池森さんとのコラボに呼んでもらったことがありました。そのとき、池森さんはぼくと一緒にそばを作ってくれたんですが、汁を作る際にこのやり方を行なっているのを見て、めちゃくちゃ便利だ！　と感動しました。池森さんによれば、ネットサーフィンでたまたまこの方法を知っただけ、とのことですが。

パックの削り節を容器に入れ、ラップをかけずに電子レンジで1分弱、温めます。

そうすると水分が飛んでパリパリになり、指で揉みほぐすと、簡単に粉々になります。これで、めちゃくちゃ香りのいい魚粉の完成です。あとはこれを汁に入れるだけ。

かつお節を粉にするのは、あくまで口あたりの問題です。

普通、かつお節からだしをとった場合、だし汁を濾(こ)します。これってけっこう面倒なんですね。とはいえ、濾さなければ、やはり口あたりがよくない。

そこで粉末のかつお節を使えば、濾さずに飲んでも口にあたらず、それでいて、かつおのうま味をダイレクトに料理に入れることができます。

さらに濾しカスが出ないのも魅力です。
食材はできるだけ無駄にしたくないので、ぼくが普通のやり方で昆布やかつお節からだしをとるときは、濾しカスを刻んで、醤油をかけてご飯と一緒に食べたりします。これはこれで、うまいものです。

レシピ5：みそ汁

・長ネギ　½本
・豆腐　150g
・かつお節　8g
・みそ　大さじ2
・味の素　8振り
・水　450cc

池森システムを実践してみましょう。

これは3～4人前の分量です。

容器にかつお節を入れてレンジで1分間チンし、粉々にしてください。

鍋に水、味の素、かつお節の粉末を入れて沸かし、数分煮ます。

あとは刻んだ長ネギと豆腐を入れ、ふたたび煮立たせてから、火を止めてみそを溶かせば完成です。

ぼくは池森システムを知ってから、イノシン酸のたっぷり入ったかつお節の粉とグルタミン酸が主成分の味の素による、うま味の相乗効果を利用したレシピをたくさん発表しています。

最初から粉末になったかつお節も市販されていますが、パックの削り節のほうが誰でも手に入れやすく、品質のよいものが多いこともあり、ぼくのレシピでは池森システムを愛用しています。

あんまりしょっちゅう行なって、そのたびにレンチンしては手で揉んでいたので、たったそれだけの作業も面倒くさくなり、とうとうオリジナルブレンドのかつお粉を作ってしまいました。

それは、高品質の万能だし調味料「リュウジの鰹粉」。自信をもってお勧めします……

すみません、宣伝です。でもほんとにうまいので、よかったら使ってみてください。

もっともシンプルな合わせだし

お気づきでしょうか。ここで説明したかちゅ〜湯やみそ汁における、かつお節と味の素との組み合わせ、ようはかつお節と昆布による合わせだしなんです。

こんなにシンプルに、合わせだしがとれてしまいます。

さらに付け加えれば、この「かつお節の粉末＋味の素」の合わせだしは、じつは基本的には、ほんだしと同じです。

だしをとるのって面倒ですよね。その手間を解消するために開発されたのが、お湯に溶かすだけでだしになる、１９７０年発売の「ほんだし」（味の素社）であり、だしをあらかじめみそに入れてしまった、１９８２年発売のだし入りみそ「料亭の味」（マルコメ）です。使ってみれば、いずれも手間はかからず、たしかにうまい。

これまでぼく自身は、料理にほんだしやだし入りみそをほとんど使っていませんでした。というのも、ぼくにとっては単体の調味料を用いたほうが、味の調整を行ないやすいからです。

ほんだしのような顆粒だしは、かつお節の粉末に、砂糖、塩、うま味調味料を混ぜたものだと基本的にいえます。

いま紹介したみそ汁のレシピについていえば、ここで味の素の代わりにほんだしを使うと、塩味や甘味まで加わってしまいます。ほんだしには、食塩や砂糖が入っていますので。そのため、顆粒だしやだし入りみそを用いる場合は、レシピの組み立て方が変わってきます。

代用の調味料は使えるか

けっきょく、ぼくが「バズレシピ」で発表しているレシピは、「できるだけ大勢の人においしいと思ってもらいたい」「料理の工程をできるだけシンプルにしたい」、このふたつが大きな柱です。

だから、本来の形式とは違っても、おいしくて簡単に手に入る調味料であれば、ばんばん使います。

たとえば、レモン汁を使うとき、生レモンを切って絞ることもあれば、市販の瓶入りのレモン汁を使うこともありますよね。わさびも、生わさびをすりおろせばたしかにうまいですが、一般の家庭ではチューブの練りわさびのほうがよく使われます。ぼくも瓶のレモン汁やチューブのわさびは、よく使います。

でも、ぼくとしては、ニンニクとショウガだけは譲れません。チューブ調味料は使わずに、必ず生のニンニク、生のショウガをすりおろしています。このふたつについては、ほとんど別物といっていいくらいに、圧倒的に生のほうがうまいですから。

では、味の素は昆布だしの代用になるのか、といえば、なる場合もありますが、ならない場合もあります。やはりぼくにとっての味の素は、便利な代用調味料という意識はほとんどなく、塩味を加える食塩や甘味を加える砂糖と同じように、うま味を加える基本調味料、という意識が強いのです。

ところで、イノシン酸のかつお節の粉が料理に重宝であるならば、グルタミン酸の代表格である昆布の粉も便利なんじゃないか、と思うかたもいるかもしれません。

味の素を使いたくない人のなかには、市販されている昆布の粉を、味の素の代わりとして使っている人もいます。ミネラルも豊富で、たしかに味の素の代用として優れています。あの『美味しんぼ』で紹介されたこともありました。

「小ビンの謎を解け！」（第89巻所収）というエピソードで、どんな料理にも「秘密の粉末」を振りかけ、おいしそうに食べる人物が登場します。じつはこの粉末の正体は、昆布粉でした。これって、いわば天然の味の素なんですね。

ただ、ぼくにとっては、昆布の粉は使い勝手が悪い。イタリアンや中華に昆布の粉を使えば、昆布の香りも加わって、それだけでたちまち和食の味になってしまうんです。

リュウジは昆布の香りが嫌いなのか？　と思うかたもいるかもしれません。たしかに関東生まれのぼくにとっては、あえて昆布の香りとかつお節の香りを比較したら、かつお節の香りに惹かれるところはありますが、ぼくのなかでは、おいしい味と可能なかぎりシンプルな料理工程を考慮して、ベストな選択をしているにすぎません。

たとえば、「バズレシピ」で「鶏肉の昆布締め」というレシピを紹介したことがあります。

鯛とかヒラメの昆布締めってありますよね。刺身を昆布に挟むことで、刺身の水分が昆布に吸われて身が締まり、昆布のうま味が移ることで、刺身のもつイノシン酸と昆布のもつグルタミン酸でうま味の相乗効果が生まれ、大変おいしくなります（だから、刺身に味の素をかけて食べれば、昆布締めに似た効果を味わえます）。

刺身の代わりに鶏肉を昆布締めにしても、抜群にうまくなります。生の鶏もも肉１枚を日本酒でしめらせた昆布で挟み、冷蔵庫に6時間ほどおいてうま味を鶏肉に移したうえで、この鶏肉を少量の油で焼けば、昆布に水分が吸われているので鶏肉の皮はパリッパリに焼きあがり、昆布の風味も加わって最高のおいしさです。

このレシピの場合、昆布の代わりに味の素を使うと、たしかにうま味の相乗効果はありますが、風味から肉の触感まで、まったくの別物です。このおいしさを、味の素で代用することは不可能です。ただ、昆布って高いんですよね。昆布の香りが必要でない料理ならば、うま味を加えたけりゃぜんぶ味の素でいいじゃん、くらいに思っています。

ところで、味の素の代用品としては、昆布茶が使えます。

「バズレシピ」でも以前は、「味の素を持ってないかたは、代わりに昆布茶を使っても大丈夫です」と説明していました。味の素がなくても、市販の昆布茶なら持っているんじゃないか、あるいは、買ってくれるんじゃないかと思ったからです。でも、昆布茶には塩や砂糖が入っていますし、当然、昆布の香りもあります。「うま味を加える」という意味では、味の素にまさるものはありません。

レシピ6：サラダチキン

・鶏むね肉　1枚（約220g）
・塩　小さじ½
・砂糖　小さじ⅓
・味の素　3振り
・酒　大さじ1

ひきつづき、グルタミン酸とイノシン酸による、うま味の相乗効果が味わえる一品を紹介します。

鶏肉は、両面をフォークで数か所刺して、両面に塩、砂糖、味の素をかけてすりこみます。

この肉を耐熱容器に入れて酒を振りかけ、ラップをかけて、電子レンジ（600w）で3分間加熱してください。加熱が終わったら、約5分間、そのままほったらかしにしておきます。余熱を肉に入れてジュワッとさせるわけですね。

5分たったら、肉をお好みの厚さに切り（もし切ったときに肉にまだ赤みが残っていたなら、さらにレンジで加熱してください）、皿に盛りつけ、加熱した際に出た汁をかけます。最高にジューシーなサラダチキンのできあがりです。

味の素を振りかけなければおいしくないのか？　といわれたら、いえ、そんなことはありません。うまいんですよ。だけど、ぜひ味の素をかけた場合とかけない場合を食べ比べてもらえたら、と思います。もう、ぜんぜん違いますから。

レシピ7：虚無ご飯

・ご飯　200g
・バター　15gほど
・味の素　4振り
・かつお節　適量
・醤油　適量

「リュウジのバズレシピ」では、「虚無シリーズ」というものを定期的に配信しています。二日酔いの朝など、どんなに料理を作る気力の湧かない虚無な心境のときでも簡単に作れるレシピです。

温かいご飯を茶碗1杯よそい、バターひとかけらをのせ、醤油をかけ、味の素を振りかけるだけ。かつお節はなくてもかまいませんが、あったほうが風味豊かでうまいです。食べている途中、味変で、黒コショウやタバスコをかけて辛味をつけるのも最高です。たんなるバター醤油かけご飯じゃないか？　まあ、そうなんですが、味の決め手は、味の素のうま味です。

普通はこんなレシピ、料理研究家が公表するものではありませんよね。でも、みんなにバカにされようとも、究極に簡単で、最高にうまい。ご飯がワシワシ進みます。

ひとつだけ補足を。おかげさまで「虚無シリーズ」はかなり評判がよく、『虚無レシピ』として本にまでなりましたが、たとえばこの虚無ご飯は、見てのとおり、炭水化物と油と調味料だけ。こんなものばかり食べていたら、食生活が破壊されます。朝が虚無ご飯だったら、昼や夜にはしっかり食材の品目をとってくださいね。大切なのは、バランスです。

アジシオについて

次に、「アジシオ」を試してみたく思います。

アジシオは、塩のまわりにうま味がコーティングされた調味料。原材料は海水とグルタミン酸ナトリウムです。

ちょっとなめてみてください。舌にのせた瞬間に、うま味がぶわぁって広がります。塩＋味の素でもまったく同じ効果が得られますが、振りかける料理は、アジシオを使ったほうが、味にムラがなくなるのが利点です。

からあげや天ぷらなんかにパラパラッと振りかけて食べると抜群においしい。アジシオは振りかける調味料、こう考えれば味の素とうまく使い分けられます。

もちろん、塩味とうま味をいっぺんに加えられるので、普通の料理に使っても便利な調味料ですが、ぼくの場合は、素材自体がもっているうま味も計算して味つけしているので、うま味だけの量を調整できる「塩＋味の素」のほうが、だいたいの料理で使いやすく感じています。

味の素よりもアジシオがベストな調味料となるレシピをひとつ、ご紹介します。アジシオの力をわかっていただくには、たぶんこれが最強です。じつは、ぼくが子どものころから食べていた、わが家の家庭料理です。

レシピ8：塩おにぎり

・ご飯　120〜130g
・アジシオ　8振り

シンプルな塩おにぎりです。

便利な握り方を教えますね。

まず、お茶碗にラップを敷いてください。ここにご飯を盛りつけます。ラップすると、お茶碗に米粒も残らず、握るのも楽です。

ご飯を半盛りして、アジシオを4振りし、軽くかき混ぜます。さらにご飯をもう半分、盛りつけ、アジシオを4振りし、また軽くかき混ぜます。半分ずつ盛りつけて混ぜるのは、そのほうが、アジシオが全体によく混ざるからです。

お茶碗からラップごと取り出して、ラップでご飯をくるみ、軽く握って形を整えます。

あんまりギュッギュッと握る必要はありません。これで完成。

どうですか？　マジにおにぎりの概念が変わってしまうほどのうまさです。アジシオのおにぎりと普通の塩だけのおにぎりとひとつずつ作って、ぜひ食べ比べをしてもらいたく思います。

ところで、わが家の家庭料理といいましたが、子どものころは知らなかったんです。大人になってから、母の塩おにぎりが忘れられなくて、天然塩を使ったり、握り方を工夫したり、いろいろ試したのですが、どうしても再現できません。たまたま久しぶりに実家に帰ったときに母に尋ねて、おふくろの味がアジシオだったことを初めて知りました。

ハイミーについて

「うま味だし・ハイミー」は、ぼくのおじいちゃんおばあちゃんの世代はよく使っていたのですが、今は味の素以上に、使ったことのない人が増えているかと思います。

ハイミーの成分は、グルタミン酸ナトリウム92％、イノシン酸ナトリウム４％、グアニル酸ナトリウム４％。味の素と比べて、核酸系うま味調味料の配合比率が高い、高核酸系うま味調味料です。

イノシン酸はかつお節、グアニル酸は干しシイタケに代表されるうま味成分です。つまりハイミーは、昆布、かつお、干しシイタケの3つのうま味成分がバランスよく配合されています。

うま味の相乗効果によって、味の素よりも強いうま味ですが、たんに強いというよりは、まろやかでコクの深い、高級な味になります。煮物や汁物、鍋物などにとても便利な調味料です。

味の素の成分はグルタミン酸ナトリウムがほとんどですから、ちょっと尖った味です。料理に入れすぎると、わざとらしい味になります。それに比べて、ハイミーは上品なうま味なんですね。ぼくがいろんな人に料理を食べてもらった経験からいって、味の素が苦手な人でも、ハイミーなら大丈夫という可能性がじつは高いんです。

ハイミーは味の素社の商品ですが、ハイミーとほぼ同じ成分配合の高核酸系うま味調味料として、三菱商事ライフサイエンスのいの一番があります。いの一番は、ハイミーと同じように使うことができます。

レシピ9：虚無ラーメン

・焼きそばめん　1袋
・ニンニク　1/3片
・かつお節　2g
・水　250cc
・醤油　大さじ1と2/3
・砂糖　小さじ1/2
・ラード　大さじ1
・ハイミー　8振り
・黒コショウ　適量

ハイミーの力がストレートに理解できるレシピとして、「虚無シリーズ」のラーメンを紹介します。ハイミーさえあれば、肉を入れなくてもうまいラーメンになることがよくわかります。

水を沸かして、調味料を全部入れ、めんを入れるだけです。これはすごいですよ。作る時間はカップラーメンより短いのに、めちゃくちゃうまいです。

具材の説明をしていきます。

めんは、ラーメンなのに焼きそばめんを使っています。焼きそばめんを冷蔵庫に入れている一般家庭は多いと思いますが、生ラーメンを備えている家庭はたぶん少ないですよね。焼きそばめんは扱いが簡単で、この虚無ラーメンはスープがうまいからまったく問題ありませんが、生ラーメンを使えば、本当にお店で食べるような味になります。

焼きそばめんは、レンジで６００w１分間、チンして温め、そのまま鍋に入れてしまってください。普通は生ラーメンを別鍋でゆでて、湯ぎりしてどんぶりに盛りつけ、そこに汁をかけますが、焼きそばめんだったら、鍋もひとつで大丈夫です。レンジであらかじめ温めておいたのは、そのまま入れるとスープが冷めてしまうからです。

砂糖は、甘味をつけるためではなく、醬油スープに奥行きを出すために入れます。多くのお店のラーメンでは砂糖を使わずに、野菜を煮出してスープに甘味を添加しています。

ラードがない場合はサラダ油やゴマ油でも大丈夫ですが、ラードを使うと、いかにもラーメンっぽいコクが出ます。ラーメン屋のラーメンのどんぶりに浮いているあの油は、だいたいラードです。ニンニクはチューブのおろしニンニクでもいいですが、生ニンニクをすりおろしたほうが圧倒的にうまいです。

ハイミーを使いながら、かつお節まで入れるのはどうしてか、といえば、かつお節のうま味と風味を加えるためです。動物性の肉と魚介類とのダブルスープのようになって、虚無でありながら高級感が増します。

このレシピは、ハイミーじゃなくて味の素でも可能ですが、汁物は容量が大きいから、うま味をしっかりと出す必要があり、とりわけラーメンはうま味のかたまりでないとラーメンっぽくないんですね。ハイミーを使えば、鶏や豚肉のパンチがなくても、しっかりとうま味が出ます。

ところで、料理を研究していると、限界を極めたくなることがあります。さまざまな試行錯誤の末、「余計な旨味(うまみ)はいらない。ラーメンのスープはお湯と醤油だけでいい」という究極の結論にたどりついた人もいます。これを醤油ではなくて食塩にしてしまうと、香りがなくなってしまい、もはやラーメンとして成立しなくなります。

ここまでくると、達人の領域です。究極のグルメとはこうしたものかもしれません。

一般の人はなかなかこの領域まで行けませんが、正直いって、醤油とハイミーさえあれば、達人でなくても納得のできるラーメンスープが作れます。

お湯に醤油とハイミーを加え、さらにゴマ油をたらせば、塩味とうま味と油がそろい、ほぼほぼラーメンといえる味になります。これが味の素だと、ちょっと厳しい。さらにゴマ油ではなくてラードを入れれば、ちょっとしたドライブインのラーメンくらいの味になります。

祖父に聞いたのですが、祖父が中華料理店で働いていた当時は、多くのお店でラーメンの味の決め手として、ハイミーを入れていたそうです。

修業時代に祖父は、師匠から「耳かき2杯程度のハイミーを入れろ」といわれていました。ある日、ふといたずら心から、「入れなくたってバレないんじゃないか」とハイミーを入れなかったら、ひと口味見した師匠から「おまえ、入れてないだろ」といわれて、ボコボコにされたそうです。

この師匠がとりわけ舌が敏感だったわけではなく、おそらく誰が味見をしても物足りなさを感じたと思います。ハイミーはアミノ酸系と核酸系の両方が入ったうま味なので、ハイミー単体で、だしっぽい味になるんです。だからハイミーは、ぼくの「虚無シリーズ」にぴったりの調味料といえます。

味の素の使用量の基準

みなさん、味の素の力を存分に味わってくださったかと思います。

なかには、味の素を入れても入れなくても、あんまり変わらないような気がする、というかたや、味の素を入れないほうがむしろうまいと思われるかたもいるかもしれません。

そうしたみなさんは、味覚のなかで少なくとも「うま味」にあまり興味のないかた、あるいは濃厚な「うま味」をおいしいとは感じられないかただと思います。

塩味や甘味でも、薄いほうが好みの人は普通にいます。大半の人にとっては「いや、ぜんぜん味ないいんじゃない？」くらいに薄い塩味のほうが、おいしく感じられるかたもたくさんいます。

リュウジのいうとおりにやってみたけれど、なんかちょっと味がクドい気がするなあ、と思われたかたは、ぼくのレシピよりも気持ち味の素を減らしてみてください。

味の素などのうま味調味料は、入れすぎてしまうと、味がクドくなってしまいます。

よく「味の素をどれくらい振ったらいいかわかりません」という質問を受けますが、ぼくは基本的に、塩分量から決めています。

醤油大さじ1杯に含まれる塩分量は、醤油にもよりますが、だいたい2・5gです（たとえば、キッコーマン株式会社の「いつでも新鮮 しぼりたて生しょうゆ」の食塩相当量は2・4g。ラベルに記載されています）。

醤油大さじ1杯、塩分量2・5gに対して、味の素3〜4振りがぼくの基準値です。

気をつけていただきたいのは、醤油にはうま味も含まれている点です。醤油を使わずに食塩だけならば、塩小さじ⅓（約2g）に対して、味の素3〜4振りでしょうか。

これくらいのバランスが一番うま味が引き立ちます。ちょっとうま味を濃くしたい場合でも、せいぜい5振りまでです。

これはあくまでひとつの目安にすぎません。トマトなどグルタミン酸を豊富に含んだ食材を使う場合は味の素をそこまで入れる必要はありませんし、料理によっても考え方が変わってきます。

たとえば、ぼくの「至高のチャーハン」レシピでは、塩小さじ半分（約3g）に対して味の素8振りを入れていますが、チャーハンは米と油の主張がすごく強いため、うま味も強くしているわけです。

とくに調味料は、自分のなかでの黄金比をもっておくと、かなり便利です。どんな料理も、おいしくいただけます。

「醤油・みりん・酒＝1：1：1」。これは和食の黄金比として有名ですが、ぼくも和食にかぎらず、醤油・みりん・酒をこの比率で混ぜて、煮詰めて、肉のたれにしたりとか、かなり多用しています。あとはここに砂糖と味の素を少々っていうのは、本当によくやっていて、さらにショウガを入れればショウガだれになりますし、ニンニクを入れればガーリックの効いたステーキソースになります。

ぼくのレシピでは、「ここで味の素を3振り」などと、何振りすればいいのかを必ず説明しています。「少量」などといわれても、どれくらいが少量なのか、わかりませんよね。誰でもぼくのレシピが再現できるよう、味の素の使用量も具体的に表現しています。

うま味をコントロールする

味の素を「3振り」とか「4振り」とかいっても、どっちだって変わらないんじゃない？　と思われるかたもいると思います。

じつは、変わるんですね。

アジパンダ瓶の1振りはわずか0・1gですが、うま味成分は塩などと比べて微量でも十分に効果があります。

人間がもっともおいしいと感じる料理とは、普段から食べなれている料理です。塩辛い料理を食べなれている人にとっては、塩気の足りない料理はおいしく感じられません。逆もまたしかりです。

ひとりの人間にとっては誰しも、塩味、甘味、辛味などを好ましく感じる量は一定です。だから、外食をするときも、「あのお店は味つけが好み」「このお店は味つけがちょっと濃い」といった好みが、個々人にありますよね。お店ではなく、友人・知人に招かれてご馳走してもらうときでも、「このうちの料理は全般にしょっぱいな」「味つけが薄いな」ということが普通にありますよ。これはつまり、料理人にとってのベストな味と、食べる人にとってのベストな味とが合致するとはかぎらないからです。

ぼくの作る料理は、ちょっと塩味が強く、パンチのある傾向にあるかもしれません。これは、ぼく自身が酒飲みだからですね。お酒のつまみに合うような料理が好きなので、おのずとちょっとしょっぱいものが好きなところがあります。

そのため、「バズレシピ」のレシピでも、「この塩味はぼくにとっての好みなので、人によっては塩をちょっと少なめにしてください」といった説明をこまめに入れるようにしています。

けっきょく、料理の塩味や甘味というのは、作り手にとっての理想のラインが一定に保たれているわけです。しょっぱい味の好きな人の料理は、どうしても塩味が強くなり、甘いのが好きな人のは、どうしても甘味が強くなる。

それは、うま味でも同じです。

ぼくのレシピは、塩味や甘味と同様、うま味についても、どの料理でも同じ水準になるよう調整しています。レシピのうま味をそろえているのです。

だから同じおにぎりでも、具材のない塩おにぎりであれば、アジシオ8振りが理想であっても、しゃけや塩昆布、おかかを入れたおにぎりならば、具材自体にうま味が入っているから、ご飯に混ぜるアジシオは4振りで十分なわけです。

味の素は、塩味に対する塩、甘味に対する砂糖と同様、単一のうま味を料理に加えられます。だから料理人にとっては、大変使いやすい。

味を作るときに、ぼくの頭のなかにはグラフのような概念があります。甘味、塩味、うま味などが絡み合いながら、最終的に「おいしい」を表すきれいなグラフにしたい。

あとひと息、うま味が足りない、というときに、たとえばだし醤油を加えると、うま味と一緒に塩味と甘味も加わってしまい、うま味以外のメーターまで上がってしまって、グラフのバランスが崩れてしまうのです。うま味だけをもう一段階、目盛りを上げれば、きれいな図式が完成する、そんなときに、味の素を使えば計算できるんです。

多くの人はそうした計算ができないので、ほんだしや鶏がらスープの素のように、お湯に溶かすだけでおいしい調味料が人気です。こうした調味料には塩味や甘味も加えられているので、感覚的にも使いやすいんです。でも、うま味まで考えながらレシピを作る人ならば、必然的に味の素に行き着きます。「うま味しか足さない」調味料なんて、味の素しかないんですから。

ぼくのレシピって、うま味の強さはどれも同じです。

数値的に同じという意味ではありません。メニューによって、濃い味のほうがおいしいもの、薄い味のほうがおいしいものが当然あります。どの料理でも、その料理にふさわしい、満足のする塩味、満足のする甘味、満足のするうま味にしています。

味見をして、「おれの料理なら、もう少しうま味が強いな」と思ったら、さらにうま味を加えるわけです。

うま味が一定だから、人によっては同じ味に感じる人もいるかもしれませんが、あえてそろえています。どのレシピを作っても「リュウジの味」だ、といわれたことがあります。

これは、かなり意識的に行なっています。味を安定させているのです。

ひとことでいえば、「味見をして塩味が足りなければ、さらに塩を少々」と同じ感覚で、うま味をコントロールしています。

ぼくのレシピを見てもらえばわかりますが、だしがめちゃくちゃ出ている料理には、味の素を振っていないんです。

レシピ10：鶏の酔いどれ蒸し

・鶏もも肉　1枚（約300g）
・ニンニク　2片
・日本酒　100cc
・塩　小さじ⅓
・油　小さじ2
・小ネギ　適量

これはうま味調味料を使っていない典型的なレシピです。

鶏もも肉1枚をひと口大にカット、塩をかるくまぶし、フライパンに油をひいて皮目から中火で炒めます。柴犬色（いわゆるキツネ色のことですが、ぼくはキツネを見たことがないのでこういっています）に焦げ目がついたら、みじん切りにしたニンニクも入れて同じく柴犬色になるまで炒めたら、日本酒を入れてふたをし、煮汁が半分位になったら完成です。盛りつけしたら小ネギをちらして召し上がってください。

この煮汁は、鶏の油とお酒で乳化したような状態で白濁した、濃厚な鶏だしです。素材のうま味だけで、ちょっとうま味が強めな、いつもの「リュウジの味」になっています。

もしここで味の素を振りかけたら、ぼくの理想の味と比べると、うま味が過剰になってしまうのです。

理想のうま味は人それぞれ

年をとって脂っこいものが苦手になった、なんて話をよくききます。味の好みは、年齢によっても変わってくるものです。

ぼくも若いころのレシピを、今、そのまま作って食べてみると、ちょっと味つけが濃いなあ、と思うことがあります。昔のほうが、油も塩もばんばん使っていたんですね。もともとぼくはパンチのある味つけが好みで、「バズレシピ」でも、「おれは酒飲みでこれくらい塩味の強いほうが好きですが、味見をしながら、お好みに合わせて塩の量を調整してください」としょっちゅう断りを入れています。

味の素も同じです。昔のレシピのままに作ると、当時はかなり尖ったことしてたなあ、なんて思います。イキっていたのか、味の素をババン！と振りかけていて、今のぼくの舌には、うま味がちょっと強すぎるように感じることがあるんですね。当時は味の素を4振りしていたけれど、2〜3振りのほうがしっくりくるな、などと思ったりします。

年齢の問題だけではなく、そもそも味の好みって、けっきょくは人それぞれです。ぼくにとっては世界一うまい料理でも、「ぜんぜんうまくない」と思う人がいたって当たり前のことなんです。

料理の初心者のかたには、まずはレシピどおりに作ってほしい、と思っています。実際に自分で作って食べてみて、しょっぱいと感じたら、今度は醬油や塩などの塩味を少し差し引き、うま味が濃すぎると思えば、味の素の振り数を少なめにしてみてください。

くりかえしますが、ぼくのレシピはぼくの基準によって、塩味やうま味が一定のレベルに保たれています。だからぼくのレシピのどれかひとつを作ってみて、「これ、ちょっとしょっぺえな！」と思えば、そのかたにとっては、ぼくのレシピ全体が塩味の強い可能性が高いです。

うま味についても同じです。

そうやって経験を積んでいき、ぜひ自分自身にとっての理想の味をつかみとってください。

ぼくのレシピを見て、「リュウジはなんでわざわざ体に悪い味の素を入れているのだろう」と疑問を呈する人はよくいます。

そう思ったかたには、ぜひぼくのレシピどおりの料理と、ぼくのレシピから味の素だけを差し引いた料理と、両方を作って食べ比べてもらいたく思います。ぜったいに、ぼくのレシピのままに味の素を使ったほうがおいしいはずですから。

いや、両方食べてみたけれど、味の素を入れないほうがおいしいね、という人もいるかもしれません。そうしたかたは、おそらく、ぼくが想定している一般的なかたよりも、薄いうま味が好みなんだと思います。

うま味を意識する

「どんなときに味の素を使えばいいんですか?」

この質問を、しょっちゅういただきます。

この答えは簡単です。「うま味が足りないと思えば、味の素を振ってください」

塩味が足りなければ、食塩や醤油を入れますよね。もう少し甘味を加えたいと思えば、砂糖やみりんを使いますよね。それと同じなんです。

料理をしていて味見をしたら、どうも味が薄い。そんなときには塩味と甘味、どちらを足せば味が決まりますか。こんな質問をいただいたことがありました。

これは感覚的なものなので、なかなか答えるのがむずかしい質問です。

塩味を足すなら、うま味もちょっと足したほうがいいことが多いんですね。そういう場合、鶏がらスープの素とかほんだしのような、塩味とうま味の両方が足せる調味料が便利なこともあります。

うま味は十分だけど塩味が足りないな、というときは、塩だけ入れればいいんです。

ぼくのレシピは、あまり甘味を使いません。甘味の代わりに、味の素でうま味を入れていることもかなりあります。見方を変えれば、味の素は使いたくないけれど、うま味をもう少しほしい、という場合は、砂糖を入れればいいんです。甘味のふわっとした広がりが、うま味の代わりに舌に満足感を与えてくれ、味が決まります。

けっきょくは、味見をしたときに、塩味が足りないのか、甘味が足りないのか、酸味が足りないのか、うま味が足りないのか、そのあたりを見極めるのがポイントです。足りない要素がわかれば、それに準じた調味料を入れると、ばっちり味が決まります。

おそらく読者のみなさんのほとんどは、塩味、甘味、酸味が強いか弱いかの判断はこれまで無意識的に行なっていながらも、うま味の強弱については、これまであまり考えていなかったのではないかと思います。うま味って、基本味のなかでも、それだけデリケートな味なんですね。

みなさん、ぜひ、うま味を意識してください。

味見をして、なんの要素が足りないのかがわかるようになったら、料理は格段に上達します。

第4章

うま味調味料の歴史

うま味の発見

「うま味」を発見したのは、日本の化学者、池田菊苗博士です。

江戸時代末期の1864年、京都に生まれた池田は、帝国大学理科大学化学科（現・東京大学理学部化学科）を卒業、物理化学の道に進みます。

1899（明治32）年、30代の半ばでドイツに留学し、1901年には4か月ほど、ロンドンに滞在します。このとき、同じ下宿に住んでいたのが、あの夏目漱石でした。同年、帰国して東京帝国大学の教授になります。

1907年のある日、妻が買ってきた昆布を目にした池田は、ふと思いました。昆布はうまい。味には、甘味、酸味、塩味、苦味の4つの基本味があるが、それらとは異なる第五の味が存在するのではなかろうか。

実学に関心のあった池田は、さらに考えます。

色素や香料など、視覚や嗅覚を楽しませる物質は化学工業によって数多く製造されているが、味覚にうったえる製品は、「サッカリンの如（ごと）き怪（あや）し気なる甘味料」をのぞいてほとんどない。昆布の主要なうま味成分を研究すれば、もしかしたら製品化ができるのではないだろうか。

東大理学部の研究室で、昆布からうま味成分を抽出しようとしますが、うまくいきません。多忙もあって、この実験は一時的に中断しました。

翌年、「おいしい味は食物の消化を促進する」と説く論文を読んで、おいしくて廉価(れんか)な調味料があれば、「滋養に富める粗食を美味ならしめ」「わが国民の栄養不良」を改善できるのではないか、と思いいたり、うま味の研究を再開します。

池田いわく、「昆布の主要旨味(うまみ)成分の研究は案外容易に成功せり」。

約10貫目（約37・5kg）の昆布より30瓦(グラム)のグルタミン酸が精製され、これがうま味のもとであることを突きとめました。

うま味の研究に昆布を用いたのは、池田が京都生まれの京都育ちだったためだろう、といわれています。当時、だしをとるのに東京ではかつお節がおもに使われていたのに対して、京都では昆布だしが基本でした。

後年、池田は、自分はたんに「最も有利なる製造の諸条件及び使用上最も便利なる製品を決定」しただけで、「学術上より見れば余(よ)の発明は頗(すこぶ)る簡単なる事柄」であった、と振り返っています。謙遜かもしれませんが。

興味深いのは、池田の研究動機が、うま味成分の製品化であり、栄養不足を軽減して健康増進に貢献する調味料を国民に届けたいという、強い社会的使命感にあったことです。

調味料はグルタミン酸ナトリウム

グルタミン酸そのものは、１８６６年、ドイツのカール・ハインリヒ・リットハウゼンが発見しています。小麦粉のグルテン（ラテン語で「糊」を意味します）の加水分解物から得られたため、この名がつきました。

グルタミン酸の結晶は水に溶けにくく弱酸性なので、なめると、うま味よりもまず酸味が感じられます。これを中和して塩（ナトリウムやカリウムなどとの化合物）にすると、酸っぱさがなくなり、うま味をはっきり味わえます。

池田が発見したうま味成分とは、正確にいえば、グルタミン酸そのものではなく、グルタミン酸塩であり、グルタミン酸イオンだったのです。

１９０８年、海藻を原料にヨードを製造販売していた鈴木製薬所の社長・二代鈴木三郎助は、池田が昆布に関して興味深い研究を行なっていると耳にして、池田の研究室を訪ねます。

このとき池田は、グルタミン酸と重曹（炭酸水素ナトリウム）にお湯を入れて溶かしたものを、三郎助に飲ませました。三郎助は、「なるほど味はよい」と思ったものの、「湯を注ぐときシュッと音がするのは商品としていかがなものか」と感じたとか。

グルタミン酸を重曹と一緒に水に溶かすと、中和されてグルタミン酸ナトリウムになります。つまり三郎助は、研究段階の「味の素」を溶かしたお湯を飲んだのです。

池田は、グルタミン酸カリウム、グルタミン酸カルシウムなど、さまざまなグルタミン酸塩を試しました。そのなかで、もっとも水に溶けやすくて味がよかったのが、グルタミン酸ナトリウムでした。

味の素の誕生

1908年4月、池田は「グルタミン酸塩ヲ主成分トセル調味料製造法」の特許を出願します。

それと同時に、実業界の各方面に対して働きかけ、この特許を使用した新しい調味料の事業化を画策しました。ところが、この事業に関心を示す企業は現れません。

そこで池田は7月に特許を取得すると、8月、鈴木三郎助に事業化を正式に依頼します。

三郎助は、池田の発明の独創性と優秀性を感じとり、その提案に大きな興味を示しました。その一方で、事業化にあたっては多額な資本投下が必要なため、最終的な決断を下すまで、慎重に検討しました。

もっとも三郎助が心配したのは、そもそもグルタミン酸ナトリウムは、調味料として広く一般に受け入れられるのだろうか、という点です。

そこで三郎助は、現在の銀座の歌舞伎座付近である木挽町の福本軒、京橋の凮月堂（現・株式会社東京凮月堂。当時フランス料理店も経営していた）など、東京の一流料理店にお願いして試用してもらったり、試食会を開いたりして、味にうるさい料理の権威者たちに意見を求めました。その結果、将来性ありという見解に達したのです。

なかでも、日本最初のグルメ小説といわれる『食道楽』の作者にして、食通として名高い村井弦斎がこの調味料を高く評価したことが、大きな自信になったといわれています。村井は、はっきり「おいしい」といってくれたのです。

翌9月、三郎助は特許を池田と共有し、事業化を引き受けました。

調味料として販売するために、万全を期して、グルタミン酸ナトリウムの無害評価試験を内務省の東京衛生試験所に依頼します。10月13日付で、「遂げし試験の成績に據れば本品は之を食物の調味料に供すれども衛生上無害なりとす」という評価が得られました。

新調味料の事業化にあたって三郎助は、鈴木製薬所ではなくて三郎助個人の事業（「鈴木商店」の事業）として開始することにします。

とはいえ、ヨード事業と同様に、鈴木家を挙げての事業であることに変わりはありません。従来のヨード事業を「製薬部」としたうえで、新事業は「味精部（みせい）」と名づけられ、味精部は三郎助が統括し、弟の忠治が製造を担当、長男の三郎が販売・宣伝を担当することになりました。

この「味精」とは、池田が命名していた新調味料の名前です。

ところが、「味精」の名では、酒精（アルコール）、甘精（サッカリン）、糊精（デキストリン）などを連想し、薬品のようなイメージなので、商品名としてふさわしくないのではないか、という意見がありました。

そこで三郎助以下、一家全員で協議して、「だしの元」「味の王」「味の元」などの名が挙がり、そのなかから、長男の三郎が提案した「味の元」が選ばれました。さらに「元」の字を改めて「素」とし、「味の素」の名が生まれました。5文字の発音ではちょっと長くて、語呂もよくないのではないか、という感想も当初はあったようです。

最初の製法——原料は小麦粉

昆布の研究から生まれた味の素ですが、グルタミン酸ナトリウムを廉価に大量生産するためには、小麦粉が最適であると池田は考えました。

池田は実験段階において、小麦や大豆などの植物タンパクを塩酸で分解すれば、昆布のうま味成分と同一のグルタミン酸が得られることを確認していたのです。

原料の小麦粉に水を加えて練りあげ、タンパク質であるグルテンと澱粉(でんぷん)に分解し、それを塩酸で加水分解してグルタミン酸を抽出し、重曹を加えてグルタミン酸ナトリウム溶液とし、この溶液を脱色・濃縮すると、グルタミン酸ナトリウムの結晶が得られます。

1908年10月、池田の生みだした製法によって本当に工業生産が可能なのか、試作が行なわれました。

原料を濃塩酸で加水分解する工程がとくにむずかしく、試行錯誤がくりかえされた末、初めてのグルタミン酸ナトリウムができあがったのは、2か月後のことでした。

試作品が完成すると、12月より逗子の工場で本格的に製造が開始されました。

逗子工場でも、塩酸の扱いには苦しめられました。塩酸でタンパク質を分解するという化学工業は、当時はまだ世界にも前例がなく、予想もしなかったトラブルもたくさん生まれました。

　もっとも対応に苦労したのは、塩酸による容器や施設の腐食と、塩酸ガスの発生でした。とくに容器の選定は困難を極めます。はじめは磁製や琺瑯引き鉄製の容器が使われましたが、磁性の甕は加熱するとたちまち亀裂が生じ、琺瑯引きの鉄器はすぐに腐食してしまいました。

　最終的に採用された容器は、愛知県常滑市で作られる粘土製の「道明寺甕」でした。この甕はもともと手づくりのため品質は不揃いで、少しでも傷があればすぐに壊れてしまいましたが、塩酸にとても強く、優秀な出来のものならば2か月ほどは使いつづけることができました。

　生産開始以来、製造工程は次第に洗練されていきながらも、半世紀以上にわたって味の素はこの抽出法を中心に作られました。しかしこの製法は塩酸の扱いが厄介で、大量の副産物が生じてしまうことから、さまざまに模索が続けられました。

販売開始

　世界初のうま味調味料「味の素」は、１９０９年5月20日に一般販売が開始されました。

ここで、歴史的な新聞広告を見てみましょう。「東京朝日新聞」1909（明治42）年5月26日付に掲載されました。おそらくこれは「うま味調味料とは何か」を一般に説明した世界で最初の文章です。味の素についての、当時考えられるかぎりの要素が盛りこまれています。

一番大きな見出しでは、黒地に白抜き文字で「理想的調味料」「食料界の大革新」の文字がおどり、一番上には「理学博士池田菊苗先生発明」と横書きされ、次のような宣伝文がありました。

> 総ての味の原素は肉類と植物の別なく悉く同じ性質の味のもので
> 香ひも癖もなく誰人にも好き嫌ひのない美き味のものであります
> 此の「味の素」は即ち其味の原素で植物性の蛋白質から純粋の味の
> みを抽き取る事を池田博士が始めて発明された調味料であります
>
> 美食に飽きたる家庭に
> 　味の素をすすむ

経済と軽便とを欲せざる
　主婦には味の素の必要なし
経済にして美味なるものを
　　望むは人の常なり
其要求に応じて発明
　されたるは味の素なり

そして小さな文字で、味の素の特徴が説明されています。

　本品は少量を以て多量の酒醤油味噌酢菓子茶其他一般の和洋料理は勿論精進料理等あらゆる飲食物に自然の風味を添え使用は頗る簡便にして既製の料理には即坐に適宜の調味が出来るから此上なき重宝である。
　滋養は牛肉エキスなどに優る数等にして調味の効力は鰹節に比べて実に二十倍なりとは発明者の証明であります。本品が如何に経済と軽便とを兼たる理想的調味料なるかは是非御使用の上御批評を仰ぎ度し安くて手軽でおいしい調味料、これが味の素の原点なんですね。

この後も、新聞広告は月に1回のペースで掲載され、消費者に味の素をアピールしていきます。

苦戦する売れ行き

発売当初の味の素は、小瓶（14g）40銭、中瓶（30g）1円、大瓶（66g）2円40銭でした。

当時の1円は現在の4000円に相当するともいわれていますので、これをもとに計算すれば、14g入りの小瓶は、1600円に相当します。

現在のアジパンダ瓶（70g）とほぼ同じ内容量の大瓶だと、9600円！　超高級品だったんですね。

前例のない商品でもあり、最初はまったく売れませんでした。

当初の販売ルートはおもに東京都内の薬の小売店でしたが、容器に薬用の瓶を使っていたこともあり、薬と間違えられることも多かったとか。

１９０９年12月には、大幅値下げを実施して、小瓶25銭、中瓶50銭、大瓶1円とおよそ半額になります。まずは実際に買って使ってもらわなければ始まらないと、採算度外視の値引きでした。

販路も薬店から食料品・酒類の販売店に拡大し、宣伝にも大いに力を入れました。

多角的な宣伝活動

当初、三郎助たちがもっとも重視した宣伝媒体は新聞広告でしたが、そのほかにも、乗り合い馬車（後の市街電車）の中吊り広告、パンフレット、看板、ポスター、イルミネーション、チンドン屋など、ありとあらゆる方法で宣伝をしていきます。

ともかく、味の素という調味料とはなんなのか？　を消費者に知ってもらうためでした。発売開始の翌年、１９１０年には、『おいしく召上れ！』という販売促進用パンフレットを作り、代理店から小売店に至るまで大量に配布されました。

このパンフレットでは、「新世紀の調味料（あじつけ）」である味の素について、著名人たちの寄せた推薦文から、具体的な使用法まで、多角的に、懇切丁寧に解説しています。

使用用途としては、「汁、さしみ、香（こう）の物、浸（ひた）し物、すし、煮物、酢の物、吸物（すいもの）、鶏卵、豆腐、そば・うどん、ぞうに、などなど」と万能的っぷりを発揮しています。

実際に読んでみると、ぼくが使うやり方と似ているのが、たくさん載っています。

その一方で、ちょっと意外な使い方も載っていて、たとえば、お茶に味の素を加えれば、番茶でも玉露のように飲めます、とか、ビールにごく少量混ぜれば、「味をよくすること驚くべし」、などとあります。

味の素の使い方としては、とりわけ、ごく少量で効果があることを消費者に知らしめる必要がありました。

発売当初は、いきなり大量の味の素を口にしたり、吸い物に大量に入れたりして、味が「しつこい」「あくどい」と嫌気を感じる人が非常に多かったそうです。豆腐の汁に味の素の中瓶1本（吸い物にして約150人分の量）を投入して、「あんなまずい高いダシはない」と文句をいってくる人までいました。

そのため、当初の味の素の瓶には、消費者が適切な容量で使えるように、耳かき大のアルミ製の小さじが添付されていて、この小さじは50年以上、使われることになりました。

なお、瓶から直接振りかける様式が採用されたのは1951年のことで、当初は3振りで0・15～0・2g出るように作られていました。これは、すまし汁1杯分が目安とされています。その後もさまざまな改良がほどこされ、現在のアジパンダ瓶は、1振り約0・1gに設計されています。

事業の飛躍

味の素の消費者としては広く一般家庭や料理店が想定されていましたが、同時に、醬油醸造業者など大口需要家向けの販売も当初から考えられていました。当初から池田は、グルタミン酸ナトリウムが醬油の有効成分の主要なものであることから、味の素が醬油の製造にも有効であることを確信していたのです。

残念ながら初期のころはまだ味の素の製造原価も高く、醬油の原材料として需要が伸びたのは昭和に入ってからでしたが、その一方で、意外な大口需要が生まれました。

それは、蒲鉾（かまぼこ）業者です。冷蔵・冷凍輸送のない当時、原材料の魚はどうしても鮮度が落ちて、臭気が強くなります。そのため水にさらしてから使うのですが、水にさらすと味も落ちてしまうので、かつては昆布を水出しにして煮詰めたものを加えていました。その代用品として、味の素が使われるようになったのです。

特筆すべきは、できるだけ幅広い販売市場を確保するために、初期のころから海外展開も行なっていたことです。当時植民地だった台湾、朝鮮、中国やその他アジア諸国に進出し、１９１７年にはニューヨークに事務所を開設しています。

味の素事業は長いあいだ赤字体質で、経営は鈴木家の多角的な他の事業に支えられてきました。それでも、次第に味の素事業が軌道に乗っていき、三郎助は会社の法人格を何度か変えながら、１９２５年、株式会社鈴木商店を設立します。その後、社名が何度か変わった末、１９４６年、味の素株式会社となりました。

三郎助は好奇心が旺盛で、「それは儲けになるか」が口癖のような人物だったといいます。そんな三郎助が、まったく未知なる調味料の事業化をひとりの化学者から持ちかけられて、ほぼ即断即決で、莫大な投資のもとに工業生産に踏みきったのです。いざ始めてみても、なかなか黒字化しないながらも、将来性を信じて邁進（まいしん）していきました。

先見の明のある経営者だったんだな、と感心します。

初期のころからすでに、その後の味の素社の特徴がよく表れています。

家庭用と事業用の両者をターゲットにした販売、宣伝に力を入れ、世界展開を積極的に行なう。多角経営にも努め、脈のある事業は積極的に拡大していく。それだけではなく、風評被害との戦いもまた、すでに大正期に始まっていたのです。

原料は蛇？

「味の素の原料は蛇である」と噂(うわさ)が、大正期にはかなり広く流布し、新聞などでもまことしやかに報じられました。

こんな噂がなぜ生まれたのか、原因はわかっていません。

伊勢の沢庵漬け(たくあんづけ)がおいしいのは、樽(たる)の底に蛇を漬けこむからだ、蛇はそれほどうまいものだ、という言い伝えが昔から関西地方にはあったといわれます。味の素は不思議によい味だから、きっと原料は蛇に違いない、と思う人がそれなりにいたのではないか、とも推測されています。

浅草観音や大阪の四天王寺境内などの縁日や盛り場では、蝮(まむし)の黒焼きを売っている香具師(やし)が売り口上として、「あなたがたは蛇の黒焼きというと何か気味が悪いもののように思うらしいが、お宅で毎日使っている味の素の原料は、あれもやはり蛇ですぞ」などと喧伝していました。鈴木商店はこうした行為を取り締まるよう警察に依頼していましたが、店舗ももたない大道商人の行なうことでもあり、取り締まりは困難なことでした。

1922（大正11）年5月13日の「東京朝日新聞」には、社長の鈴木三郎助の名義で半ページ広告を掲載します。題して、

味の素は断じて蛇を原料とせず
誓(ちか)て天下に声明す

これって、かつてマクドナルドが「猫肉を使っている」「ミミズの肉だ」といったデマに悩まされたことに似ていますよね。1971年に日本に上陸したマクドナルドは、こうしたデマを払拭するために、「牛肉100％」使用であることを一生懸命宣伝していました。

「味の素の原料は蛇」という噂は、昭和初期まで根強く生きつづけました。

味の素の競合商品

発売開始当初の味の素は、純度が約85％、潮解性の強い、褐色がかった粉末状のものでした。脱色や結晶化などの精製技術が、まだやや不完全だったのです。

本来、味の素の製造特許は1923（大正12）年に期限満了を迎えることになっていましたが、鈴木商店の働きかけにより、6年間の延長が認められました。

でも、１９２０年ごろには早くも味の素の類似品が出回りはじめ、１９２６年には鈴木商店の調査によれば、国内だけで、関西を中心に35銘柄にのぼっていました。

味の素のかつての技術関係者を通じて創業期の製法を入手し、製造販売していた会社もありましたが、類似品の大半は、小資本の家内工業的な製品で、液体や泥状のものなど、劣悪な品質のものも多数ありました。

日本国内にとどまらず、味の素（中国名「味之素」）を輸入していた中国でも、１９２３年にグルタミン酸ナトリウムの調味料「味精」が発売されています。

鈴木商店が味の素の純度を高める技術開発に力を入れたのは、こうした類似品に対抗するためでもありました。

１９２９（昭和４）年に味の素の特許が切れ、グルタミン酸ナトリウムはどこの会社でも製造できるようになりましたが、味の素が高度な新技術によって純白の結晶体として生産を始めたことによって、小規模な会社ではとても太刀打ちできなくなりました。

１９３０年時点における類似品の調査表を見てみると、「グルタ」「食の元」「味の恵」「味の園」「味の要」「純味」「味の代」「味の世」「味天下」「富士の味」「食味の王」……とずらりと商品名が並んでいます。これらの商品のグルタミン酸ナトリウムの純度は、低いものでは50％台、高くても90％未満でしたが、当時の味の素は純度99・5％以上を誇っていました。

これまで鈴木商店以外のグルタミン酸ナトリウムのメーカーは、大半が零細企業でしたが、昭和に入ると、味の素にとっての本格的な競合商品が現れます。新興財閥の日本窒素肥料が1936年に「旭味」の発売を始めたのです。これは従来の類似品に比べて格段に優れた商品で、『味の素グループの100年史』によれば、「「味の素」は、創業以来初めて有力なライバルを迎えた。（略）もちろん、「味の素」は、競合品を寄せつけない強さを発揮し、トップブランドの地位を堅持した。その理由としては、知名度の高さ、品質面での優位、コスト競争力の強さ、それらに基づいた強力な販売チャネルなどをあげることができる」。

強いですね、味の素。

この旭味は、戦後になると財閥が解体されて、旭化成株式会社が販売を引き継ぎます。1999年には日本たばこ産業、さらにジェイティフーズに引き継がれ、21世紀まで生きつづけました。現在は販売終了になっています。

生活に根づいた味の素

冬夜さめてはおもいでの香煎をすすります
お粥のあたたかさ味の素の一さじ二さじ

放浪の俳人・種田山頭火は、１９３２（昭和７）年、50歳のときに「其中庵」に居を据えてから書きはじめた『其中日記』に、こう記しています

昭和の初期には、味の素はこのように生活に溶け込んでいたのです。

味の素は第二次世界大戦の戦中から戦後にかけての約2年半、生産中止を余儀なくされましたが、昭和の後期ごろまでは、日常的にありふれたものになっていました。

ここでいくつか、文芸作品に残された味の素についての記述を見てみます。

昭和10年代を舞台にした、谷崎潤一郎の代表的長編『細雪』には、ご馳走を食べに出かけた鮨屋「与兵」における描写として、次のようなものがあります。

貞之助は食塩の容器を倒にして、味の素を混和したサラサラに乾いた粉末を、

まだ肉が生きて動いている車海老の上へ振りかけると、庖丁の目のところから一と切れ取って口に入れた。

昭和初期の代表的なコメディアンのひとりで、食通としても有名な古川緑波は、『下司味礼讃』で、一流の天ぷらについて語っています。

いわゆるお座敷天ぷら。鍋前に陣取って揚げ立てを食う。天つゆで召し上るもよし、食塩と味の素を混ぜたやつを附けてもよし、近頃では、カレー粉を附けて食わせるところもある。そういう、いわゆる一流の天ぷら。

このふたつはどちらも、気の利いた食べ方として、味の素の混ざった食塩を使っています。

次は、森鷗外の息子・森於菟『オフ・ア・ラ・コック・ファンタスティーク——空想半熟卵——』（１９６０年）より。

ぼくは半熟卵が好物だ。毎朝古女房に半熟卵をこしらえてもらって、白い瀬戸のふちで生あたたかい白い楕円体をコチンと叩くときの気持はなんともいえない。それを二本の指でカッと開くとどろりとした白身が湯気をたてて黄身といっしょに落ちてくる。スプーンで殻の内壁についた白身を削りとり、それに塩か醤油をかけ、あるいは女房の眼を盗んで化学調味料をちょっぴりかけ、それをスプーンでしゃくって食べる。貧乏なぼくにはそれが涙がポロポロでてくるほど旨いのだ。下手な宴会料理なぞよりはるかに旨い。

「女房の眼を盗んで」化学調味料を振りかけているのが、なんとも泣かせますね。

料理界のレジェンドと味の素

北大路魯山人は、1883（明治16）年に京都で生まれた陶芸家で、書道や篆刻にも通じ、料理家、美食家としても有名です。

『美味しんぼ』の主人公・山岡士郎の父にして最大のライバル、海原雄山のモデルといわれています。余談ですが、ぼくの「バズレシピ」では、ちょっと手間をかけたレシピ（といっても簡単ですけど）のことを「至高シリーズ」と呼んでいます。これはもちろん、海原雄山の「至高のメニュー」のパクリです。

海原雄山はつねに「化学調味料」を否定していましたが、料理界のレジェンド・魯山人はどうでしょうか。

よい料理には「味の素」は不可

「味の素」は近来非常に宣伝されておりますが、私は「味の素」の味は気に入らない。料理人の傍らに置けば、不精から、どうしても過度に使うというようになってしまいますから、その味に災いされます。私どもは「味の素」をぜんぜん料理場に置かぬことにしています。「味の素」も使い方でお惣菜的料理に適する場合もあるでしょうが、そういうことは上等の料理の場合ではありません。今のところ、とにかく高級を意味する料理のためには、なるたけ「味の素」は使わないのがよいと思います。なんとしても上等の料理、最高の料理には、私の経験上「味の素」は味が低く、かつ、味が一定していけないと思います。こぶなりかつおぶしを自分の加減で調味するのがよいと思います。（「日本料理の基礎観念」19

33年）

味の素は不可とのことです。

「味が一定していけない」とありますが、ぼくはそれが悪いこととは思っていません。何度もだしからスープをとってラーメンを作りましたが、やはり無添加だと、味を安定させるのはむずかしいんです。鶏とかの天然素材って個体差がありますから。うま味調味料を入れたほうが、味が安定するし、失敗がありません。

ひとつ注意してほしいのは、これは料亭の料理人に向けて語られた話であって、家庭料理の話ではありません。魯山人自身は、家では味の素を使いこなしていました。

ほんとうに化学調味料を生かして使っているのは、わたしだけだといえるだろう。来客料理、あるいは、わたし一人の料理の場合に使ってはいるが、機微を得た使い方をして、生かしているのである。

化学調味料を使用すれば、不精者にはまことに都合がよろしい。だが、これらのひとびとは、味の低下をもたらす元凶だといいたい気がするのである。彼らは

化学調味料の真の活用法を知らない徒輩といえよう。（北大路魯山人『春夏秋冬料理王国』1960年）

太宰治の愛した味の素

味の素の愛好家だった著名人に、太宰治がいます。

作家の檀一雄は、若き日に太宰治と交友を結びました。太宰の没後に刊行された檀の『小説 太宰治』（1964年）には、ふたりが出会った1933（昭和8）年、初めて檀が太宰の自宅を訪れたときのエピソードが描かれています。

鮭缶（さけかん）が丼（どんぶり）の中にあけられた。太宰はその上に無闇と味の素を振りかけている。

「僕がね、絶対、確信を持てるのは味の素だけなんだ」

クスリと笑い声が波打った。笑うと眉毛の尻がはげしく下る。

「飲まない？」

私は盃（さかずき）を受けた。夫人が、料理にでも立つふうで、階段を降りていった。

この「僕がね、絶対、確信を持てるのは味の素だけなんだ」というセリフは、シビれますよね。

檀はエッセイ「友人としての太宰治」でも、味の素について語る太宰の姿を描いています。檀の自宅にやってきた太宰は、

「そう言えば、腹がへった。寿美ちゃん（檀の妹）、何かない」

そのままドカドカと上がり込んでしまうと言った有様でした。

そこで太宰は食卓の前に坐りこんで、妹が並べてくれる品々を眺めまわしながら、やれ、塗箸（ぬりばし）は赤くなくっちゃいけないだとか、やれ、シジミは汁だけを吸うのだとか、やれ、海苔（のり）はこうやって、揉（も）んでゴハンの上にフワリと振りかけるのが一番だとか、何よりも味の素だとか、地上で信じていいものは味の素だけだとか……、とりとめない出まかせを口走った挙句、

「じゃ、檀君、出かけようか？　出かけるなら、早い程、いい」

と、まったく巧みな頃合を見はからって、家の中から滑り出してしまうのが常でありました。

太宰は、自作にも味の素を登場させていています。次の一文は、『HUMAN LOST』（1937年）より。

私は、筋子に味の素の雪きらきら降らせ、納豆に、青のり、と、からし、添えて在れば、他には何も不足なかった。

味の素は頭にいい？

昭和20年代の半ばごろ、アメリカの「リーダーズ・ダイジェスト」誌に、「グルタミン酸ソーダはブレイン・メディシンである」、つまり「味の素」は頭がよくなる薬だ、という記事が掲載されました。

当時、敗戦日本を占領していたアメリカ進駐軍の兵士が日本に大勢いて、彼らが「味の素」の大きな缶を買っていく。それも、自分の子どもの頭をよくするのに効く薬だということで、帰国時にお土産としてアメリカに持って帰り、味の素をオブラートに包んで子どもに飲ませるのが流行りだしたというのです。

これは日本でも話題になりました。味の素社の特別顧問の歌田勝弘さんは次のように当時のことを振り返っています（「風説・風評との闘いは創業期から」／『FoodWatchJapan』２０１３年12月17日更新）。

あの頃、私は営業の第一線にいたのですが、「リーダーズ・ダイジェスト」の記事を読んだときの正直な気持ちを言えば、「これはうまい話が来たな」と思ったんです。ところが、トップからは絶対にその話を営業に使ってはいかんという命令が出たのです。ですから、会社としてはこれを宣伝には一切使いませんでした。

ブレイン・メディシン説は、グルタミン酸ソーダはアミノ酸の一種だから、これに頭の働きをよくする効果があるだろうといった話です。それをある科学者が言い出したことには違いありませんが、実験を重ねるなど深い追究はしていない話ですから、この説をうっかり宣伝に使うのはまずいという判断だったのでしょう。

味の素社のサイトにある「Q&A」ページには、「「味の素」を食べると頭がよくなるって、本当ですか?」という質問があります。これに対する回答はひとことです。

「そのようなことはありません」

グルタミン酸以外のうま味の発見

池田菊苗の弟子・小玉新太郎は、昆布だし以外のうま味がはたしてグルタミン酸塩によるものかどうかを調べようと思って、かつお節エキスの研究を始め、1913年に、かつおだしのうま味成分がイノシン酸のヒスチジン塩であることを突きとめました。

その後、長いあいだイノシン酸の研究は進んでいませんでしたが、約40年後の1955年、ヤマサ醬油研究所の國中明は、かつおだしのうま味成分にとってヒスチジンは必要なく、イノシン酸ナトリウムなど、イノシン酸の塩であれば、うま味をもつことを発見します。

このとき、偶然の産物として「うま味の相乗効果」という大変重要な発見も行なわれました。

イノシン酸とグルタミン酸のうま味を比較しようと思った國中は、イノシン酸をなめたのちに、口もすすがずにグルタミン酸をなめたところ、強烈なうま味を感じ、イノシン酸のうま味はグルタミン酸にはかなわないのか、と意気消沈しつつ、もう一度イノシン酸を試してみたところ、さっきとは打って変わって、濃厚なうま味に襲われました。口をすすがずになめ比べをしたために、口のなかでうま味の相乗効果が生まれたのです。

國中は、グアニル酸の塩もまた、うま味をもつことを発見しました。のちにグアニル酸塩が干しシイタケのうま味成分であることを中島寛郎が突きとめています。

さらに國中は、酵母のリボ核酸（RNA）を分解してイノシン酸を作る微生物酵母を発見し、最終的にはイノシン酸とグアニル酸の工業的生産が実現しました。

グルタミン酸ナトリウムの新製法――発酵法

1956年、協和醗酵工業株式会社（現・協和発酵バイオ株式会社）の木下祝郎（しゅくお）が、画期的な発見を行ないました。

グルタミン酸を作りだす菌を発見したのです。

この当時、グルタミン酸をはじめとするアミノ酸の生産は、小麦や大豆からタンパク質を分離・分解して得られる抽出法が主流でしたが、この発見によって木下は、世界で初めて発酵法によるアミノ酸の大量生産に成功したのです。

これは、食品工業界に革命を起こしました。その後の研究によって、グルタミン酸のみならず、多くのアミノ酸を発酵法により大量生産することが実現し、アミノ酸発酵という一大産業が確立されました。

のちに木下祝郎はこう語っています。


それまでアミノ酸を微生物で大量生産した例はありません。第一、微生物でアミノ酸ができるのかすら疑問視されてたくらいだから。確かに微生物はたんぱく質を作りますが、自らたんぱく質を壊しアミノ酸として体外に出すということは、微生物にとっては自殺行為。まさか微生物がそのようなことをするはずがなかろうというのが、当時の学問の定説でした。しかし、世の中には変わり者、ひねくれ者の微生物がおりましてね。グルタミン酸をどんどんつくるやつがおるんです。短期間のうちに試験管内での実験は成功しましたが、大量生産に移すには品質管理が欠かせません。昭和三二年、数々の関門を突破してやっと工業化に成功しました。

発酵法とは、微生物を培養する培地に糖蜜などの原料を入れ、微生物の増殖とともにアミノ酸を生産させる手法です。

従来の抽出法に対して、発酵法は小規模の設備で（工場の建設費は約10分の1）、かつ低コストでアミノ酸を大量に生産できました。原料費も安く、製造期間も短縮でき、さらに抽出法で悩まされてきた大量の副産物が生まれるという欠点からも解放されました。

この発見ののち、業界全体で、グルタミン酸の製法は抽出法から発酵法に切り替わり、他のアミノ酸も順次、発酵法への転換が図られます。

現在、グルタミン酸ナトリウムの生産は、ほぼ世界的にこの発酵法によって行なわれています。

もうひとつの新製法——合成法

味の素社も1960年より発酵法による味の素の生産を開始します（当初の主原料は、サトウキビではなくてサツマイモ澱粉でした）。発酵法への転換は急速に進められ、1965年、創業以来の抽出法による生産がついに終了しました。さらに1963年には、合成法による生産も始まりました。

合成法は、発酵法と並行して、味の素社が1950年から研究に取り組んでいた新技術です。主原料は、石油化学製品のひとつである、アクリロニトリルです。アクリロニトリルはアクリル繊維の原料になる無色透明の液体で、供給量は豊富で、かつ農作物と違って安定的です。

さらに原価は発酵法と同程度に安く、発酵法よりも採算的に優れた技術でした。

ところが1973年、味の素社は合成法の中止を決定します。

発酵法の技術が急激に進歩して、すでに合成法のコスト優位性はほぼ失われており、また、そろそろ設備の更新に多額の投資が必要な時期を迎えていたなど、中止の決断にはいくつかの要因がありましたが、無視できない要因として、鈴木恭二社長（当時）が挙げたのは、「合成法には絶対の自信を持っているけれども、コンシューマリズムの動向や、一部のMSG消費者の理屈ぬきの感覚による好みに合致しないという事実もある」（『味の素グループの100年史』）。

当初は評価の高い最先端技術でしたが、わずか10年のあいだに、石油化学製品を原料に食品を化学合成で作りだすというコンセプト自体が、社会的に受け入れられにくい時代になっていたのです。

グルタミン酸ナトリウムを製造販売する企業は複数ありましたが、合成法を採用していたのは味の素社のみで、合成法が行なわれていた期間も、味の素の約85%は発酵法で生産されていました。

複合調味料の発売

発酵法の導入で、うま味調味料の研究開発も進み、複合調味料という新しい分野が生まれました。

1960年10月、グルタミン酸ナトリウムに2%のイノシン酸ナトリウムをコーティングした、世界初の複合調味料「味の素プラス」が味の素社から発売されます。

翌年の3月、味の素社はイノシン酸ナトリウムを4%に強化した「強力「味の素プラス」」を発売しますが、4月には武田薬品工業が、5'－リボヌクレオチドナトリウム（イノシン酸ナトリウムとグアニル酸ナトリウムの混合物）を8%配合した「いの一番」を、10月にはヤマサ醤油が、イノシン酸12%を配合した「フレーブ」を発売します。

いきなり激戦となった複合調味料市場において、他社製品に比べて核酸系の配分率が低かった味の素社の商品は、呈味力の点でも劣っていました。そこで味の素社は、１９６２年11月、12%のイノシン酸ナトリウムをグルタミン酸ナトリウムにコーティングした「ハイ・ミー」（のちの「ハイミー」）を発売します。

１９６５年には、家庭用の味の素を、１%のイノシン酸ナトリウムでコーティングした新「味の素」に切り替えました。うま味の相乗効果によって、従来より約3倍の呈味力になり、「お料理をおいしくする「味の素」を一層おいしくしました」とキャンペーン広告が大いに打たれました。

さらに１９６８年には、１・５%の5'−リボヌクレオチドナトリウムを添加した新バージョンに切り替えます。すでにお話ししましたが、現在の家庭用味の素はイノシン酸ナトリウムとグアニル酸ナトリウムがそれぞれ１・２５%配合されています。

そのため現在の味の素は単体のうま味調味料ではなくて複合調味料の一種で、ハイミーなどの高核酸系うま味調味料に対して、低核酸系うま味調味料といわれます。

第5章

MSGは本当に体に悪いのか？

安全性検証の19年間

味の素は食品として使われる以上、発売以前より安全性の検証が行なわれ、すべてクリアしてきました。

そもそもグルタミン酸は通常の食品にもタンパク質の構成成分として、また遊離アミノ酸として、高濃度に含まれています。人体においても常時生成されています。

そうした事実から、グルタミン酸ナトリウムは、食品添加物のなかでも安全性の高いものと考えられてきました。

ところが、1960年代末、これまで世界中で愛用されてきた味の素は、巨大な危機に見舞われます。

味の素社の西井孝明社長（当時）は、2021年のインタビューで「味の素は体によくないと思っている人がいますね」と質問されて、こう答えています。

米国で1960年代に中華料理店で食事をした人が健康被害を訴えて、その原因は料理に使われているうま味成分のグルタミン酸ナトリウム（MSG）ではないか、と一部の科学者が発表し、誤解が広がりました。中華料理店症候群（チャイニーズレストランシンドローム）と名付けられた出来事です。米食品医薬品局（FDA）はMSGを58年に安全と認めていましたが、これをきっかけに安全性の議論と証明のプロセスが19年間も続きました。あまりにも長かったため誤解が伝承され、その後30年も風評被害が続きました。（「2021年の経営者」／『週刊エコノミスト Online』2021年2月15日更新）

「安全性の議論と証明のプロセス」の続いた19年間について、本章では説明します。

始まりの手紙

それは、1通の手紙から始まったといわれています。

1968年、権威ある医学雑誌「ニューイングランド・ジャーナル・オブ・メディシン」4月4日号の投稿欄に、次のような手紙が掲載されました。

中華料理店症候群

編集部御中：アメリカに住みはじめて数年になりますが、中華料理店で（とりわけ中国北部の料理を出す、とあるお店で）食事をとるたびに、わたしは不思議な症候群に見舞われます。通常、ひと皿めを食べてから15～20分後に症状が表われますが、約2時間で収まり、後遺症はありません。もっとも顕著な症状は首の後ろの痺れで、次第に両腕から背中へと広がり、全身の脱力感と動悸が伴います。わたしの経験ではアスピリン過敏症に似た症状ですが、もっと軽いものです。このような症候群の存在は聞いたこともありませんでしたが、中国人の友人たち（医療関係者、非医療関係者、いずれも教養ある人々）も同じ症状に悩まされていることを知りました。

　原因は判然としません。同僚たちと話しあい、最初は醤油に含まれる成分が原因ではないかと考えました。しかし、家で同じ種類の醤油を使っても、上記のような症状が出ることはありません。アルコールを摂取したときの症状にもある程度似ているため、多くの中華料理店で大量に使われている調理用紹興酒が原因ではないかという意見もありました。また、中華料理店で調味料として多用されているグルタミン酸ナトリウムが原因ではないかという意見もありました。

　またあるいは、ナトリウム含有量の多い中華料理を食べると一時的に血中のナトリウム濃度が上がり、その結果、細胞内のカリウム濃度が下がることで、筋肉の痺れや全身の脱力感、動悸が引き起こされるのかもしれません。中華料理を食べると喉(のど)が渇きますが、これもナトリウム含有量が多いためでしょう。したがって、この症候群は単に料理に含まれる多量の食塩によるものかもしれませんし、グルタミン酸ナトリウムは解離定数が大きい有機酸であることから、症状がより鋭敏になるのかもしれません。

この分野を研究する人材は不足していますので、医療関係者のみなさん、もしご興味がありましたら、ちょっと奇妙なこの症候群について、もっと情報を集めてみませんか。

もちろん、わたしも喜んで協力させていただきます。

ロバート・ホー・マン・クォック、医学博士
メリーランド州シルバースプリング
国立生物医学研究財団
上級研究員

中華料理店症候群とオルニー実験

短い手紙ですので全文訳を載せました。

じつはぼく自身、この手紙を今回初めて読んだのですが、「中華料理店症候群」が世に広がるきっかけがこんな内容の手紙だったとは、ちょっと意外な感じがします。べつに、グルタミン酸ナトリウム（MSG）のせいにしてないじゃん。

その後、同誌の投稿欄はこの話題で盛り上がり、各メディアでも取り上げられだします。大きな影響力を誇る「ニューヨーク・タイムズ」紙（1968年5月19日）でも「医師を悩ませる『中華料理店症候群』」という記事を出すと、一気に社会問題となりました。

1969年、中華料理店症候群の原因はMSGにあるのではないかと主張する論文が「サイエンス」誌に発表され、さらに、ワシントン大学のオルニー博士は「サイエンス」誌5月9日号で、「生まれたてのマウスに大量のMSGを皮下注射すると、脳視床下部神経細胞の一部に損傷が発現する」という実験結果を発表します。

同年7月、オルニーはその実験結果に基づいて、「ベビーフードへのMSG使用は中止すべきである」と、アメリカ上院の栄養・食品委員会で証言しました。

それを受けて、10月23日、ニクソン大統領の栄養問題担当顧問であるメイヤー博士は、全米婦人記者クラブの記者会見で、ベビーフードにはＭＳＧを使用しないよう勧告します。アメリカのベビーフードメーカーは、自主的にＭＳＧの添加を中止し、日本を含む世界中の国々が、この動きに追随しました。

メイヤー勧告は世界中でセンセーショナルに報道され、日本でも、「食品不安底なし」（「読売新聞」69年10月26日付）などと大きな社会問題になりました。

当時は、人工甘味料のズルチン（肝臓機能障害などの毒性が認められ、68年、食品添加物としての指定が削除に）、合成着色料のタール色素（発がん性が指摘され、60年代後半から70年代にかけて、半数近くの認可が取り消しに）、人工甘味料のチクロ（発がん性の疑いが指摘され、69年に使用禁止）などと、食品添加物の問題がたてつづけに生じていた時代でした。

安全宣言までの道のり

１９７０年、世界でもっとも権威ある、食品添加物の安全性を評価する機関「ＷＨＯ／ＦＡＯ合同食品添加物専門家会議」（ＪＥＣＦＡ）は、「ＭＳＧの許容１日摂取量は１２０mg／kg体重」という評価を公表しました。

許容１日摂取量とは、ヒトが健康上のリスクを伴うことなく生涯にわたって毎日摂取することができる食品添加物の量のことで、このときの評価は、体重60kgの人の場合、1日あたりのMSG摂取量は、7・2gまでにとどめてください、というものでした。この分量は、アジパンダ瓶（1振り0・1g）で72振り分に相当します。

ただし、この評価には、「生後12か月未満の乳児には適用しない」という、乳児への禁止事項が盛りこまれていました。

1973年、JFCFAはMSGの許容1日摂取量を153mg／kg体重（体重60kgの人の場合、1日あたり9・2g）と評価し、72年に確立された食品添加物の乳児への使用についての一般的見解に沿う形で、乳児に適用しないとする期間を「生後12週未満」に変更しました。

そして1987年、JECFAは、従来の評価を改めて、「MSGの許容1日摂取量は数値で規定しない」と再評価し、乳児への禁止事項も削除されました。

これは、安全性の評価が十分に行なわれ、食品添加物と天然食品由来の摂取量の両者を合わせても、健康への危害はない、という、食品添加物のなかでもっとも安全な評価です。

この評価対象は、MSGだけでなく、グルタミン酸ならびにその他のグルタミン酸塩（グルタミン酸カリウム、グルタミン酸カルシウム、グルタミン酸アンモニウム、グルタミン酸マグネシウム）の6物質に対してです。なお、イノシン酸ナトリウムとグアニル酸ナトリウムに対しては、1974年に同様の評価が下されていました。

オルニー実験とメイヤー勧告から18年めにして、ついに最終的な安全宣言が出されたのです。

その後、EUの食品科学委員会（SCF）およびFDAも、JECFAの結論を支持しています。

1970年代、多くの国々でMSGの乳幼児食品への使用を禁止・制限する法規が設けられましたが、1987年のJECFAの結論などを受けて、そのほとんどが修正・削除されました。いまだに当時の禁止法が生きている国はシンガポールのみで、インドでは、MSGの添加食品に対する「生後12か月未満の乳児には適さない」旨の表示が現在も義務づけられていますが、禁止法は削除されました。

安全性の検証

中華料理店症候群を訴える人に対しては、二重盲検法による臨床検査が各国で行なわれました。

たとえば、一方にはＭＳＧを、他方には澱粉を入れた溶液を準備して、どちらを摂取した場合に症状が起こるかが調べられましたが、被験者の症状とＭＳＧとのあいだに、まったく関係はありませんでした。「自分はＭＳＧに敏感である」と主張している人を集めた場合でも、ＭＳＧ添加溶液にのみ反応を示した人はいませんでした。

長年にわたって、多くのグループで臨床検査が行なわれてきましたが、いずれも中華料理店症候群とＭＳＧ摂取とのあいだに明確な関係は認められていません。

オルニーの実験に関しても、多くの追試が行なわれました。

現在では、「特殊な実験手法としての意義はあるものの、食品添加物の安全性になんら懸念をもたらすものではない」というのが専門家のあいだでの共通見解です。

そもそもオルニー実験は、新生児（生後２〜９日）のマウスにＭＳＧを０・５〜４㎎／ｇ体重、皮下注射で投与した結果、ＭＳＧは神経に対する毒性を有することがわかった、というものでした。

このＭＳＧの摂取量を体重60㎏の人に単純に置き換えると、30〜２４０ｇ（アジパンダ瓶にして約半瓶〜３瓶半）を皮下注射したことに相当します。すごい量ですね。リンゴには大量に塩化カリウムが含まれていますが、これを人間に注射したら、確実に死にます。

１９６９年当時、日本化学調味料工業協会（現・日本うま味調味料協会）は、ただちに次のような見解を発表しています。当然な言い分だと思います。

「①オルニー実験は並外れて多量のＭＳＧを注射で与えたもので、この結果を調味料として使用されるＭＳＧに適用することは全く誤りである。②日本でのＭＳＧの使用量は、加工食品中に使用されている量を含めて、１日１人平均２ｇを経口摂取しているに過ぎない」（『味の素グループの１００年史』）

世界中で研究が積み重ねられた結果、現時点の結論としては、グルタミン酸のもつ神経毒性が発現するかどうかは、血液中のグルタミン酸濃度に依存しています。

・ＭＳＧに対する感受性は動物種によって異なり、マウスがもっとも高く、サルのような霊長類はもっとも低い。
・経口摂取したＭＳＧは腸管からグルタミン酸として吸収されるが、その過程で代謝されるため、全身の血液中のグルタミン酸濃度は上がらない。
・哺乳類はグルタミン酸を代謝する能力が高いため、ＭＳＧを口から摂取してもグルタミン酸の血中濃度は上がらない。膨大な量を摂取すると一時的に濃度は上がるが、神経障害を引き起こすレベルには至らない。
・ヒトの乳児は、成人と同等にグルタミン酸を代謝する。

以上より、JECFAでは「ヒトの場合、グルタミン酸における神経毒性は、経口摂取のもとにおいては発現しない」と結論づけています。

当時の時代背景

味の素（グルタミン酸ナトリウム＝MSG）のアメリカへの輸出が始まったのは1920年代でしたが、MSGが一気にアメリカ社会に普及したのは、第二次世界大戦後のことでした。

戦時中、陸軍で兵隊たちに配られていた缶詰食品がまずいと不評だったため、MSGを使ってみたところ、味が劇的によくなり、それ以降、一般の加工食品や外食産業でも使われることが一般的になっていきました。

それまで食品メーカーの商品パッケージには「with MSG」（グルタミン酸ナトリウム入り）とわざわざ表示されていることがよくありました。つまり、おいしさの代名詞的に謳われていたわけです。

ところが、１９６９年のオルニー証言とメイヤー勧告を境に状況は一転し、「NO MSG」（グルタミン酸ナトリウム不使用）と表示されているほうが、もてはやされるようになってしまいました。

なぜＭＳＧはここまで劇的な問題となってしまったのでしょう。

１９６２年に出版されたレイチェル・カーソン『沈黙の春』では、ＤＤＴをはじめとする殺虫剤や農薬など、化学物質の危険性が訴えられ、世界的なベストセラーとなりました。このころから世界的に科学への批判や反発が生じていたのに加え、前述のとおり、人工的な食品添加物が健康被害を起こす危険性があるということから使用禁止となった事例があいつぎ、添加物を忌避する感情も広く共有されていたのです。

そうした流れとは別に、アメリカにおいては、ＭＳＧを忌避した感情の裏側には、じつは人種差別的な偏見があったのではないか、という指摘があります。

当時はアメリカでも、ＭＳＧはすでに日常の食品のなかに普通に使われていながらも、一般的には「中華人がよく使う、アジアから来た調味料」というイメージでした。そのため、「そんなもの、食べてもろくなことにならないに決まってる」などという偏見から生じた思いこみがあったのではないか、というのです。

なお、「中華料理店症候群」という名前は人種差別的であり、「MSG症候群」というべきだ、とも現在ではいわれています。新型コロナウイルスを「武漢ウイルス」と呼ぶのは不適切、というのと同じような話ですね。一見、なるほど、と思えますが、よく考えてみれば、「MSG症候群」という言葉が存在するということは、MSGが健康被害を及ぼすことがあるという意味でもありますから、いまだにMSGへの偏見が根強く生きているという証拠ともいえます。

日本で生じたMSG問題

1971年3月ごろからその翌年にかけて、味つけ昆布を食べたあとで、顔面がしびれるなどの訴えが東京都内の保健所にあいついで舞いこみました。

症状は顔面のしびれのほか、首すじのしびれや鈍痛、灼熱感、手足のしびれ、吐き気、酩酊感など。食べてから、早い人で数分後、遅い人で45分後に発症し、1時間ほどで治ったといいます。中華料理店症候群によく似た症状です。

問題になった酢昆布や結び昆布などの味つけ昆布について東京都衛生局が検査したとこ

ろ、いずれも大量のＭＳＧが使われていたことが判明します。

全国珍味食品協同組合に加盟する25業者のうちの43商品を調査したところ、半分以上で、総重量の13～45％、平均31％という膨大なＭＳＧが含まれていることがわかりました。

症状を訴えた人たちは、いずれも空腹時に５～10個の酢昆布を食べていたので、ＭＳＧを一度に３・３～14・３ｇ摂取したことになります。現在のアジパンダ瓶は１振り約０・１ｇなので、33～１４３振り分を一気に食べたわけです。

業者がこれほど大量にＭＳＧを使用していたのは、昆布に比べて安価なため、量を水増しするためでした。

同じ時期、中華料理を食べたあとに同様の症状を訴えた人もいました。都内の中華料理店のラーメンやタンメン、チャーハンの中華スープなど32品目を調べたところ、ＭＳＧが１食あたりのワンタンで10・６ｇ、タンメンで５・３ｇ、というものまで見つかりました。手間ひまかけずに濃厚な味を出すために使用していたといいます。

こうした事例を受けて、１９７2年4月、厚生省（現・厚生労働省）は、関係業界に対するＭＳＧの適量使用の指導を通達し、日本化学調味料工業協会（現・日本うま味調味料協会）も適正使用推進委員会を設けて指導を強化しました。

同年11月に、味の素社は「「味の素」のおいしい使い方は……」という見出しで、味の素の適量について説明した広告を出しました。ちょっと興味深いので紹介します。なお、ここでの味の素の80g入り瓶は現在のアジパンダ瓶と異なるため、1振りの分量が微妙に異なります（現在のアジパンダ瓶は、1振り約0・1g）。

たとえば（調理瓶80g入の場合）●卵焼きなら　1人前1ふり（約0・12g）●すまし汁・茶わんむしなら　1人前2ふり（約0・2g）●ハンバーグ・スパゲッティなら　1人前2〜3ふり（約0・3g）●おでんなら　1人前4ふり（約0・5g）●チャーハンなら　1人前6〜8ふり（約0・9g）

1970年代にしばしば報道されたMSGの過剰摂取問題について、味の素社の『味の素グループの100年史』では、次のように結論づけています。

背景としては、①MSGの価格低下により、食品加工業者がコスト削減のために価格の高い原材料の使用を減らしてMSGで代替したこと、②MSGを増やすほど料理の味が良くなるという錯覚があったこと、などがあげられる。健康に悪影響を及ぼす摂取量は、食塩の場合は体重１kg当たり６～８g、それに対してMSGは同11gといわれている。醤油など他の調味料も大量に摂取すればやはり健康を害するわけで、結局、中華料理店症候群や結び昆布問題はMSGに固有の問題ではなかった。

味の素を否定するみなさんへ

先日、SNSの投稿で「バズレシピ」の視聴者のひとりから、「昔から毒だと有名」な味の素を人に勧めるなんて、リュウジは「人殺し」だ、といわれました。

味の素否定派のみなさんは過激な人が多い印象ですが、まさか人殺しとまでいわれるとは。

このSNSの投稿では、うま味調味料の害を列挙した「昆布や鰹節（かつおぶし）や椎茸（しいたけ）からダシを取ろう」という画像を貼りつけていました。その内容をお見せしますね（以下、原文ママ）。

大量生産を目的として石油から生成され過程で混入した不純物に発がん性があ

る
「味の素」は、放射線を投射して遺伝子を組み換えたサトウキビから生成される
放射線は、体内の細胞を破壊し生殖機能や造血機能の低下をもたらす
脳の海馬がグルタミン酸ナトリウムにより繰り返し刺激を受けると、味に幻覚が生じる
グルタミン酸ナトリウムはアミノ酸という核酸系調味料です。これが蓄積されると痛風の発症率が高くなる
痛風の原因は核酸に含まれるプリン体の代謝産物である「尿酸ナトリウム」
アメリカではグルタミン酸ナトリウムの幼児の摂取は禁止されており脳障害が引き起こされる恐れがあるため

見事なまでに、事実無根のかたまりです。ちなみにこの文章は、「味の素を買ってはいけない」と主張するネット記事からの切り貼りです。

「アミノ酸という核酸系調味料」などと、初歩的な情報まで間違っています。過去、アメリカではベビーフードメーカーが自主的にＭＳＧ使用を中止したことはありましたが、

「禁止され」たことはありません。

ひとつだけ補足すると、「遺伝子を組み換えたサトウキビ」とありますね。現時点の日本では遺伝子組換えサトウキビの認可は下りていません。遺伝子組換え作物については世界中でさまざまな議論があり、ここでその是非を論じることは避けますが、味の素にかぎっていえば、遺伝子組換えサトウキビを原料に使っても、人体に影響を及ぼすことはない、と断言できます。

遺伝子組換え技術とはタンパク質の構成要素であるアミノ酸の配列指示を変更する技術であり、アミノ酸（グルタミン酸もその一種）単体にはまったく影響を与えないからです。

味の素否定派のみなさんへのお願いです。

批判する場合は、事実に基づいて批判してください。情報が古すぎたり、デマの劣化コピーのような文章があまりに多すぎます。

畏怖された調味料

思えば、味の素という調味料はあまりに便利な「発明品」でした。

「味の素の原料は蛇である」という初期のデマもまた、便利な発明品に対する畏怖(いふ)の表れだったのかもしれません。「MSGを使えば料理がおいしくなる」、誰もがそう思ったからこそ、世界中で重宝されるようになりました。

ところが、1960年代末に「MSGは人体に有害な調味料かもしれない」という風説がアメリカから世界に発信されて以降、味の素批判のステージは大きく変わりました。

家庭用味の素の消費が縮小傾向になっても、加工食品・外食産業での需要は伸びつづけました。人々の目に触れなくなった分、見えざる恐怖まで生じたのかもしれません。

この100年以上、世界中の科学者が味の素の危険性を検証しつづけてきましたが、その安全性を疑うべき事実は、ひとつも発見されていません。

もちろん科学も万能ではありません。従来は安全と目されていたものが、ある日突然、危険性が発見されることだってあります。

でも、これだけ長期間にわたって世界中で批判的に検証されてきた食品を、ぼくは知りません。味の素は、むしろきわめて安全性が高いといえます。実際、すでに味の素は4世代近くにわたって使われつづけながら、明らかな実害は、まったく生じていないのですから。

MSGの安全性が公的に認められている現在においても、いまだに悪いイメージが残りつづけています。

非営利団体「インターナショナル・フード・インフォメーション・カウンシル」の調査によれば、アメリカ人の42％は、依然としてＭＳＧを積極的に避けています。

これは、人工香料や人工着色料を避ける人の割合に比べたらわずかに少ないものの、カフェイン、遺伝子組換え作物、グルテンを避ける人の割合よりは、高い数字です。

それでも、うま味調味料の真価は、次第に見直されてきています。

第6章

UMAMIは世界に誇る食文化

世界のＵＭＡＭＩ

「うま味」という概念自体、長いあいだ欧米社会では認められていませんでした。池田菊苗博士の業績が世界的な評価を得たのは、１９９０年代に入ってからのことです。

昆布のだし汁には、グルタミン酸が豊富に含まれています。日本人はそのようなだしに慣れていたこともあり、池田博士が第５の基本味として「うま味」を提唱して以来、「うま味は基本味である」という考え方が素直に受け入れられましたが、欧米では「これがうま味です」と実感をもって理解できる存在がなかったためか、きわめて懐疑的でした。

たしかにグルタミン酸はトマトやチーズにも含まれ、ＭＳＧ（グルタミン酸ナトリウム）を料理に加えると味がよくなるが、これは基本味ではなくて、４つの基本味の「風味増強剤」だろう、と欧米の研究者たちには長いあいだ思われてきたのです。うま味を塩味や甘味の一種と考える研究者も少なくありませんでした。

これは、昆布だしのようなうま味そのものの水溶液を普段から味わっていた日本人と、フランス料理のブイヨンやフォンなど、たしかに日本のだしに似ていながらも、より複雑に煮こまれて豊富な成分を味わっていた欧米人との違いもあったのかもしれません。

日本人ならば、「うま味？　昆布だしのことだよ。味わってごらん」ですみます。実際、昆布だしの成分を見ると、高濃度のグルタミン酸の溶液ですから。欧米人の場合は、そうはいきません。

ところで、欧米人は、同じうま味成分でも肉のイノシン酸に親しんでいたのではないか、という説もあります。ではシンプルにイノシン酸を高濃度に含んだ、昆布だしのようなものってあるのだろうか、と考えてみたら、鶏肉だけをゆでたスープは、ちょっと近いかもしれませんね。昆布のだし汁と違って舌に絡みつくようなうま味ではなく、かなりすっきりしたスープです。ただし、イノシン酸以外にもさまざまなアミノ酸が抽出されているので、昆布だしのようなうま味の溶液ということはできません。

さまざまなデータが蓄積されて、うま味が基本味であると世界の研究者のあいだで合意されるようになったのは、1980年代になってからのことです。うま味の文化が発達しなかった欧米では「うま味」を示す適切な言葉がなかったことから、日本語のまま「umami」という表現が世界中で使われるようになりました。

そして2000年代になって、ついに舌の味蕾(みらい)にうま味の受容体が存在することが判明し、umamiが第5の基本味であることは、誰もが認める事実となりました。

従来、英語で「うま味」を表す語としては、日本語の「うま味」を直訳して、tastiness

（おいしさ）、delicious taste（おいしい味）、savory taste（風味豊かな味）などといわれていました。

世界的にうま味がなかなか認められなかったのは、この名前のせいではないか、などという説があります。昆布だしのうま味だったら「こぶ味」とでも命名して、その形容詞が「うまい」じゃなくて「こぶい」だったら理解されやすかったんじゃないか、と冗談交じりにいう専門家もいるほどです。

世界への発信

世界的にumamiへの理解が進むにつれ、MSGへの偏見も薄れてきています。

2018年9月、ニューヨーク・マンハッタンのホテルで2日間にわたって、味の素社の主催による「World Umami Forum（世界うま味フォーラム）」が開催されました。

そのときの模様を紹介した科学ジャーナリストの松永和紀さんの記事「フェイクニュースと闘う味の素　ニューヨークから世界へ情報発信」（『BuzzFeed Japan News』2018年10月2日更新）には、次のようにあります。

実は同社（味の素株式会社）は、ＭＳＧの情報の是正にこれまで熱心とは言えませんでした。批判され萎縮し、中華料理店シンドロームへの反論などとんでもない、という感じ。「寝た子を起こすな」というのが社の雰囲気だった、と２０００年からうま味の広報活動に関わってきた二宮（くみ子）さん自身が言うのです。ＭＳＧの安全性等に関する広報は、主に企業名の出ない別団体名で行ってきました。

しかし、インターネットの普及、情報の氾濫を背景に、「説明しコミュニケーションを図る姿勢をしっかりと見せて行く」と方針転換しました。

この姿勢が如実に表れているのが、味の素社の公式サイトです。本書でもこれまで何度か引用してきましたが、じつはこのサイト、めちゃくちゃすごいです。もう、情報の宝庫。味の素その他の商品紹介はもちろん、うま味についての詳細な解説から１００年を超える歴史をもつ社史まで、ぎっしりアップされています。

油とうま味

今、世界各国で日本食が注目されているといわれます。日本食はヘルシーで、その特徴であるだし文化が広く受け入れられるようになってきたのです。

そもそも、人間が「おいしい」と感じて満足できる食べ物には、油脂、砂糖、だし、これらが何らかの形で入っています。

じつはこの油脂と砂糖とだしには、脳に快感を感じさせ、「やみつき」にさせる効果があるといわれています。つまり、いったん好きになると、くりかえし食べたくなるのです。これは、脳の報酬系が刺激されて、快感を得ているためです。

油脂と砂糖は経験的にも昔から知られていましたが、だしにも同じような「やみつき」にさせる効果があることは、栄養化学者の伏木亨さんたちの研究によって明らかにされました。

興味深いのは、この効果があるのは、あくまでだしであり、グルタミン酸ナトリウムなどのうま味成分だけでは「やみつき」にはならないことです。

マウスの実験結果によれば、油脂の場合は、匂いや味がなくてもやみつき行動が生まれましたが、だしの場合は、味覚成分（うま味）と嗅覚成分とエネルギー（澱粉）の3つの要素がそろっていないと、マウスはやみつきになりませんでした。

日本ではだしの文化が発達しました。これは偶然ではなく、日本では油脂や砂糖が手に入りにくかったため、おいしい料理を生みだすには、だしに頼るしかなかったのです。

世界的には、料理のおいしさは油脂が担ってきました。

和食の感覚で、海外の料理を見まわしてみると、油ゴテゴテなんですね。イタリア料理では、オリーブオイルでニンニクを炒めることで、味と香りをひきたてています。フランス料理も、バターをがんがんに使います。生野菜を食べるにも、ドレッシング＝油をかける。インド料理のカレーも油、中華料理のチャーハンも油です。中華料理で油をガッツリ使うのは、歴史的に水の質があまりよくなかったから、水の代わりに油を使っていたともいわれています。

ところが現在は、世界的に「油を減らそう」という風潮にあります。では、油を使わずにどうやって味のインパクトを出すのかということで、油に代わって、うま味が注目されています。

だしを効かせることによって味の満足度が高まり、油を使う量を減らすことができるのです。

「和食はヘルシー」である決め手は、うま味にあったわけです。

和食って、ほんとに油を使わないんですね。伝統的なものは油をほぼ使いません。たとえばラーメンに対して、そばがそうですね。油の旨味（うまみ）がないとラーメンになりませんが、そばは油を使わないのに、あんなにうまい。もちろん鴨南蛮には鴨肉の油がいっぱい入っていますが、そばは肉を入れなくても成立しますし、肉を入れなければ油は入りません。油がないのにうまいのは、うま味を活かしただしの力です。

一般的に、アジア圏の人はうま味に強く、また味にうま味を求める傾向が強いので、中国を含むアジア圏では、グルタミン酸ナトリウムが昔から広く普及していますが、欧米ではまだまだ普及していません。

アメリカ人はハンバーガーやピザなど、カロリーの高い食事が多いですが、うま味の文化がもっと広まれば、肥満体型の人ももっと減るかもしれません。

甘味とうま味

めんつゆを万能調味料として重宝しているかたっていますよね。

めんつゆには醤油の塩味、だしのうま味、みりんや砂糖の甘味が入っていますから、たしかにこれさえ使えば、手軽に味が決まります。

でも、ぼくのレシピではあまりめんつゆを使いません。というのも、市販のめんつゆって、ぼくには甘すぎるんですね。

好みの問題ですが、ぼくは甘味を重視していません。もちろん砂糖は普通に使いますが、料理に甘味がほしいからではなくて、塩味に深みを与えたり味をまろやかにしたりするためです。ぼくの場合は、和食でも甘味を抑えてシャープな味つけにしています。

油脂と砂糖とだしは、食べると満足感が味わえますので、じつは砂糖を使うと、うま味の代わりになります。うま味調味料を入れる代わりに砂糖を入れたら、これはこれで満足度の高い料理になります。たとえば魚の煮物なんてそうですね。地域差もありますが、けっこう甘くするじゃないですか。そんなに甘くするくらいならば、ぼくはだしを入れたほうがいいと思っています。というのも、ぼくは「甘味いらない」派なものですから。

でも、甘くするとすごく満足度の高い料理になりますから、ちょっとうま味を足したいなと思ったときに、砂糖を加えると味が調ってしまうことも多いんです。

逆にいえば、砂糖をとるのを控えたいというかたは、意識的にうま味を利用すれば、うまく砂糖の使用量を調整することができます。

うま味で塩分控えめ

塩分の摂りすぎは体に悪いのは、みなさんご存じですよね。

食塩、すなわち塩化ナトリウムのナトリウムは生きるために必要な栄養素ですが、ナトリウムの過剰摂取は高血圧や脳卒中の原因にもなります。

味の素の主成分であるグルタミン酸ナトリウムは、その名のとおり、ナトリウムが入っています。ということは、味の素の過剰摂取も体に悪く、高血圧の人は味の素を避けるべきなのでしょうか。

知っておいてほしいのは、グルタミン酸ナトリウムにおけるナトリウムの含有量は、食塩の3分の1以下である、という点です。

味の素由来のナトリウムは、食塩中のナトリウム量に比べてはるかに量が少ないため、高血圧の人でもさほど神経質に味の素を避ける必要はありません。

それどころか、塩分を減らしながら満足感が得られる料理を作るうえでも、うま味は有効です。

多くの研究によって、減塩により旨味に欠けた料理でも、グルタミン酸ナトリウムを加えることによって、減塩していない料理と同等の満足度が得られるという実験結果が示されています。つまり、味の素を効果的に使えば、味の満足度を損ねることなく、減塩効果のある調理が可能となるのです。

グルタミン酸入りの粉ミルク

グルタミン酸は「満腹感を感じやすくする」効果があるともいわれています。

この説は正しいのではないか、とぼくも感じています。というのも、味の素を使ってうま味を強めにした料理を食べると、思いのほか少なめでも、けっこうお腹が満足してしまうんです。今後のさらなる研究が待たれるテーマです。

母乳にはグルタミン酸がたっぷり含まれている、という話はすでにしましたよね。これに対して、粉ミルクの場合は、ごく一部の例外をのぞいて、グルタミン酸は入っていません。

現在の科学では、味の素を乳幼児に摂取させても健康に問題はない、と証明されていますが、「そうはいっても、乳児が口に含むものに食品添加物を入れるのはできるだけ慎んでおいたほうが安心ですよね」という一般論のもと、現在でも粉ミルクにグルタミン酸を使用しないのは世界的な潮流です。

一般に、粉ミルクで育った乳児は、母乳で育った乳児に比べて体重の増加が早いといわれています。これは粉ミルクの過剰摂取が原因と見なされ、小児肥満になる可能性も指摘され、長期的に見ると健康に影響を及ぼす可能性があると、多くの専門家のあいだでは考えられています。

ところが2012年に報告されたアメリカの研究によれば、普通の粉ミルクに対して、グルタミン酸を添加した粉ミルクを乳児に与えると、粉ミルクの摂取量が低下するというのです。

これはグルタミン酸が乳児に満足感を与えたことで、粉ミルクの過剰摂取がなくなったと考えられ、乳児の理想的な体重増加のためにはグルタミン酸が効果的ではないのか、と推定されています。

マンガも時代の産物

うま味調味料への批判的な風潮も、少しずつではありますが、変化してきています。

その実例を、マンガから引いてみます。

料理マンガにおけるうま味調味料といえば『美味しんぼ』が有名ですが、２００５年に刊行された『ミスター味っ子Ⅱ』（寺沢大介）第3巻は、画期的でした。この作品は、１９８０年代に連載されテレビアニメ化もされた人気マンガ『ミスター味っ子』の続編です。

伝統ある料理勝負トーナメント「味皇グランプリ」の第43回優勝者に対して、謎の若者が勝負に挑みます。優勝者が最高の素材で作った手作り豆腐に対して、自分はコンビニの材料で作る豆腐料理で勝つ！　と宣言するのです。

勝負を見つめる観客を前に、挑戦者の指示でコンビニで買われてきた材料が広げられると、そこには何種類ものうま味調味料がありました。

「化学的に合成された旨味調味料を味皇GPの調理に使おうと言うんか!!?　長いグランプリの歴史の中でも前代未聞のことだぞ!!」

ところが、料理界のカリスマ・味王は、挑戦者の作った湯豆腐をひと口食べると、思わず「これは……旨い!!!」と驚き、「この勝負　挑戦者の勝ちだ」と宣言します。

挑戦者の湯豆腐は、「調理のタイミングと調味料の分量を完璧なまでに操る天才的な超絶感覚」が味わえたのに対して、優勝者の作った湯豆腐は、「ほんの僅かだが昆布の臭みが出ていた‼」というのです。ここで挑戦者はみずから解説します。
「旨味調味料は化学的に合成された分　雑味がない
用量さえ間違えなければ　素人（しろうと）が本物の食材を使うより安心なのさ」

ラーメンと味の素

もう少し料理マンガを見てみましょう。今度は、ラーメンです。

２０２０年にテレビドラマ化もされた『らーめん才遊記』（久部緑郎作・河合単画）の第11巻（２０１４年刊）より。

主人公・汐見ゆとりは、母親にしてカリスマ料理研究家の汐見ようことラーメン対決を行ないます。

汐見ようこの作ったラーメンを食べた審査員たちは、「ん〜〜っ‼　美味しい〜〜っ‼」「こりゃイケる‼」「食べる手が止まらないですよ‼」「なんだ、このうまさはっ⁉」と大絶賛します。

審査員のひとりであるラーメン評論家は、スープを飲み干すと、満面の大仏顔で叫びます。

「カリスマ料理研究家がタブーを突いてきたあっ!!　誰もが知ってて誰もが言わないラーメンの魅力!!　それは化学調味料!!　略してカチョーーーッッッ!!」

そう、このラーメンは「化学調味料たっぷりのラーメン」だったのです。

「ええっ!?　つまり、化学調味料が美味しさアップの最大の理由なんですかっ!?」と驚きの声とともに観客たちもどよめき、その場で、「化学調味料」に関する激論が始まります。

最終的には、ラーメン評論家が「食品添加物にもいろいろありますが、少なくとも化学調味料に関しては安心していいんじゃないかと思いますね」と太鼓判（たいこばん）を押し、それを受けて汐見ようこは、ドヤ顔で宣言します。

「ヘルシーがモットーの料理研究家である私が、有害と疑われる添加物など使いませんよ」

シビれる啖呵（たんか）ですねえ。

残念なのは、このラーメン対決、化学調味料たっぷりラーメンは、主人公の作った「水ラーメン」（透明なトマトだしに、煮干し、干しエビ、干し貝柱、昆布、唐辛子を加えて水出しし、塩で味つけしたスープ）に、負けてしまうことです……。

人間はリスクを食べる

「味の素は安全で、優れた調味料です！」と徹底的に説明してきたつもりですが、そろそろ最後になりますので、その安全性について、ぼくの本当の思いをここで語っておきますね。

味の素は、ほかのあらゆる食品と同じくらいに安全であり、危険です。食品を体内に摂取する行為には、つねに危険がつきまといます。ご自身の責任によってご賞味ください。

以上。

ふざけてなんかいません。かなり本気です。

醬油1リットルを一気飲みしたら、死にます。塩は生存に不可欠ですが、一度に大量に摂取したならば、毒になります。

食べ物を食べなければ、生物は生きてはいけません。そして残念ながら、食べることにはつねにリスクがつきまとうのです。

チャーシューなどのトッピングされたラーメンは、カロリー、炭水化物、脂質、塩分、タンパク質も入っている完全食です。でも、哀しいことにすべてが過剰にできています。たとえ必要な栄養素であろうと、とりすぎたなら、それは体に大変悪い。

日本人男性にとって、塩分の1日あたりの目標摂取量は7・5g未満ですが、ラーメン1杯の塩分は7g。つまり、お昼にラーメンを食べたら、もうその日の塩分は、ほぼほぼおしまいです。

だからって、夜寝るときまで何も食べないわけにはいきませんよね。それに、塩味のまったくないものなんて、普通は食べたくない。

では、「ラーメンは体に悪い」のかといえば、毎日、1日2回、ラーメンを食べつづける生活をしたら、「悪い」といわざるをえないでしょうが、日々の食生活のバランスをコントロールできる人であれば、「ラーメンは体に悪い」などというのは、ちゃんちゃらおかしい。

二日酔いのときに、ぼくは思うんです——悪いのは酒じゃない、痛飲したおれ自身だ、と。

おなじように、ラーメンが悪いんじゃありません。1日2回食べたおまえだ、ほかの食生活でリカバリーできてないおまえだ、ということです。

食べ物は、すべてのものが毒になりえます。食べることには、必ずリスクが伴います。ヘルシーといわれている野菜であろうと、猛烈に食いすぎたら、死にます。量の概念を入れてください。

量だけではありません。

たとえば、刺身だってリスクがあります。だって、生魚ですよ。焼いたほうがぜったい安心に決まっています。とはいえ経験的に、普通の料理人が振る舞ってくれる刺身で死んだ人なんてまずいないことも知っている。生魚だろうと、おいしいものならば、リスクを冒してでも、食う。

ユッケや生レバーの禁止だっておかしい。よっぽど生牡蠣（なまがき）を制限したほうがリスク管理にかなっています。

フグの毒は有名ですが、フグが怖くて食べられない、という人はあまりいません。でも、平成以降の統計を見ても、平均して年間にひとり以上の日本人がフグの毒によって死亡しています。

味の素についていうならば、この世に誕生してすでに1世紀以上の歴史がありますが、ひとりの死者も出していません。調味料を気にするよりも、毎日の食材の品目とバランスを気にするほうが、はるかに健康です。

家庭料理の味方・味の素

料理人になろうと思ったこともありましたが、今となっては、料理研究家という仕事を天職と思っています。

もしぼくが料理店を開いていたら、お店に来てくれたお客さんにしかぼくの料理を食べてもらえません。どうしても人数に限界があります。でも、レシピを作って動画で発信したら、それを見た人たちがご家庭でぼくの料理を再現して食べてくれる。人数に限界はありません。さらに、喜んで食べてもらえたら、こんなにうれしいことはありません。

ぼくのレシピは、外食産業にたとえるなら、個性的な名店よりもチェーン店の味に近いものです。よく「チェーン店なんてまずい」なんていわれますが、まずければ流行るわけがありません。

一般的にチェーン店は安くてうまい。そして、つまらないといえば、つまらない味です。だけど、つまらない味って、おいしくないですか？　納豆なんて、人によっては毎日食べているかもしれませんが、あれって面白い味でしょうか。日常的な、つまらない味ですよね。でもうまい。定番料理って、おいしいから定番として残っているわけです。

けっきょく、世の中で一番うまい料理は何かといえば、家庭料理に行き着きます。

カレーライスもオムライスもハンバーグも、もともと飲食店にしかなかったのに、おいしいから、家庭料理になりました。お店で食べられるおいしい料理を、家でも食べたい。そんな思いは、誰にでもあるはずです。

だからぼくは、お店の味に近づきたくて、味の素に行き着いたともいえます。

ぼくの発表しているレシピは家庭向け料理です。大前提は、「みんながおいしいと思ってくれる」味になることです。

もちろん、ぼく自身がおいしいと思っている味でもあるのですが、「自分の味」を表現したいという欲求は、ぼくにはあまりありません。あくまで、世間が求めているものを表現したいんです。

だから、玄人(くろうと)受けのする尖ったレシピは、「バズレシピ」では出していません。尖った料理って、一部の人からはめちゃくちゃうまいって絶賛してもらえますが、一般受けがさほどでもないことがよくあります。100人のうち90人が「うまい」と思う、そのあたりを意識して、ぼくは表現しています。「人を喜ばせたい」というのが一番大切で、人に喜んでもらえない料理なら作る意味がない、とまで思っています。

ときには、ちょっとうま味過多かな、と思っている自分もどこかにいます。「うま味調味料なんてわざわざ入れなくたって、この料理は十分にうまいよ」って感じる自分もいるんです。ただ、その感覚は「90人」には共有してもらえません。うま味が少ない料理は、日本ではあまり求められていないのです。

でも、これは家庭料理のレシピ作りを仕事にしているぼくの立場の話です。みなさんは、「90人のおいしさ」なんて考える必要はありません。自分ひとりが、あるいは目の前で食べてくれる人たちが「うまい」と思える味を求めて、ぼくのレシピを自由にカスタマイズしてください。

経験と知識があれば、そのぶんだけ料理はおいしくなります。

うま味をコントロールする切り札「味の素」の知識が身についたからには、あとは実践あるのみです。料理が上達するためには、場数を踏むしかありません。

いっしょに楽しく料理を作って、おいしい生活を送りましょう。

おわりに

本書は、1冊まるごと調味料「味の素」について肯定的に語るという、ちょっと前例のない本です。ぼくの動画「リュウジのバズレシピ」を楽しんでくれているみなさんが、はたしてついてきてくれるのだろうか、という不安もあります。

ぼくは料理ライターをやっていたこともあり、今まで20冊以上の料理本を出してきましたが、ほぼ文字だけの本を出すというのは、これが初めての経験です。

「おれ、味の素についてならば、何時間だって語れますよ」と豪語してきた者としては、いつかはこのような本を書かなければならない、と思っていました。

味の素について、いいたいこと、大切なこと、みなさんに知っておいてもらいたいこと、ときには余計なウンチクまで、すべて盛りこみました。

読者のなかには、「リュウジは味の素社からお金をもらって、こんな本を書いているんでしょ？」と思うかたもいるかもしれません。

結論をいえば、本書は味の素社に頼まれて書いた本ではありません。

味の素株式会社のかたと出会ったのは、ぼくが初めての著書を出したときに行なった、出版記念イベントの会場でのことでした。

イベント会場まで、当時はほとんど無名のぼくに会うために、わざわざ足を運んでくれたのです。

なんで来たんだ？　と身構えるぼくに対して、「『バズレシピ』で堂々と味の素を使ってくれることに感銘を受け、ひとことお礼をいいたかったんです」といってくれました。

むしろぼくのほうが「素晴らしい調味料をありがとう！」とお礼をいいたい立場なのですが、それがきっかけで、味の素社にレシピを提供する仕事の依頼も受けるようになりました。

ぼくの「バズレシピ」では、味の素社とのコラボ動画（いわゆる「案件」ですね）として、味の素、ハイミー、アジシオを使ったレシピを公開しています。もちろんそうした動画内では、「コラボ動画です」と公表しています。

日本うま味調味料協会の公式サイトでは、「うま味応援団」のひとりとして名を連ね、次のようなメッセージを出しています。


料理のおにいさん、リュウジです！「今日食べたいものを今日作る」をモットーに、爆速でおいしいレシピを発信しています！

僕がうま味調味料を使う理由は、ズバリ、3つです。
1．香りがなくて、うま味だけを足すことができるから、どんな料理にも合う！
2．食材の持ち味を引き立てることができる！
3．簡単に決まる！
うま味調味料は、忙しい現代人の救世主になりうる調味料だと思います！

とっておきのレシピを公開するので、ぜひ、みなさんも作ってみてください。


リュウジと味の素社、ズブズブじゃん！

そう思われても、当然だと思います。

でも、誤解してほしくないことがあります。

リュウジは味の素社からお金をもらっているから、味の素を使っているんだ、と思っている人もいますが、それは完全に誤りです。

たしかに、味の素社からお金をもらう仕事をやっています。

でも、ぼくの会社、株式会社バズレシピは、みなさんが見てくださる「リュウジのバズレシピ」の動画に、ほぼほぼ支えてもらっています。味の素社からもらうお金を失っても、正直、まったく痛くありません。

ぼくはお金をもらわなくても、味の素を使います。味の素が優れた調味料であることを、誰よりも知っていますから。

味の素社にはお世話になっていますので、本書を出すにあたっては、「今度、こんな本を書きますね」と事前に報告してあります。

でも本を出す動機は、あくまで「味の素のよさをみんなに知ってもらい、もっと料理を楽しんでほしい！」、それだけです。

炎上も覚悟の上で、本気で書きました。たぶん、味の素社やうま味調味料協会のかたから、「こんなこと書くな！」と怒られそうなことまで書いてあるだろう、とも思います。

もちろん、歴史的な事実関係やデータは、味の素社その他の公的な資料を徹底的に参照し、記述に正確を期しています。うま味調味料に否定的な本や雑誌、ＳＮＳの発言にも、できるかぎり目を通しました。

最後に、本書の執筆にあたりましては、河出書房新社編集部の伊藤靖さんと、フリーの編集・ライターの望月索さんにお世話になりました。おふたりが集めてくれた資料には大変助けられ、ぼくの気づかなかった新しい発見もありました。

そしてもちろん、読者のみなさん、ここまでおつきあいくださいまして、どうもありがとうございました。みなさんの日々の料理に少しでも役立てましたら、これにまさる喜びはありません。

２０２３年９月

リュウジ

主な参考文献

味の素株式会社内味の素沿革史編纂会編纂『味の素沿革史』味の素、１９５１年３月

味の素株式会社社史編纂室編纂『味の素株式会社社史　１』味の素、１９７１年６月

味の素株式会社社史編纂室編纂『味の素株式会社社史　２』味の素、１９７２年９月

味の素株式会社公式サイト　https://www.ajinomoto.co.jp/

味の素株式会社公式サイト内『味の素グループの１００年史』https://www.ajinomoto.co.jp/company/jp/aboutus/history/story/index.html

太田静行『うま味調味料の知識』幸書房、１９９２年６月

栗原堅三『うま味って何だろう』岩波ジュニア新書、２０１２年１月

栗原堅三、小野武年、渡辺明治、林裕造『グルタミン酸の科学　うま味から神経伝達まで』講談社、２０００年12月

櫻庭雅文『アミノ酸の科学　その効果を検証する』講談社〈ブルーバックス〉、２００４年２月

清水洋美『池田菊苗　【うま味の素「グルタミン酸」発見】』汐文社〈はじめて読む　科学者の伝記〉、２０２１年３月

特定非営利活動法人うま味インフォメーションセンター公式サイト　https://www.umamiinfo.jp/

日本うま味調味料協会公式サイト、https://www.umamikyo.gr.jp/

広田鋼蔵『化学者池田菊苗　漱石・旨味・ドイツ』東京化学同人〈科学のとびら〉、１９９４年６月

伏木亨『だしの神秘』朝日新書、２０１７年１月

伏木亨『コクと旨味の秘密』新潮新書、２００５年９月
星名桂治、栗原堅三、二宮くみ子『だし＝うま味の事典』東京堂出版、２０１４年11月
山口静子監修『うま味の文化・ＵＭＡＭＩの科学』丸善、１９９９年10月
「風説・風評との闘いは創業期から　味の素特別顧問 歌田勝弘さん」／『FoodWatchJapan』２０１３年12月17日　https://www.foodwatch.jp/interview20131217
「[研究者インタビュー] 世界初、発酵法でのアミノ酸大量生産に成功」／協和発酵バイオ公式サイト　http://www.kyowahakko-bio.co.jp/rd/interview/001/
「巣ごもり「新常態」で家庭料理拡大　西井孝明 味の素社長」／『週刊エコノミスト Online』２０２１年２月15日　https://weekly-economist.mainichi.jp/articles/20210223/se1/00m/020/003000c
松永和紀「フェイクニュースと闘う味の素　ニューヨークから世界へ情報発信」／『BuzzFeed Japan News』２０１８年10月２日　https://www.buzzfeed.com/jp/wakimatsunaga/ajinomoto-vs-fakenews?utm_source=dynamic&utm_campaign=bfsharetwitter&utm_term=.vg1RO83y9

＊引用にあたっては、歴史的仮名遣いは原則的に現代仮名遣いに改め、ルビを適宜追加しました。

河出新書 068

料理研究家のくせに「味の素」を使うのですか？

二〇二三年一〇月二〇日 初版印刷
二〇二三年一〇月三〇日 初版発行

著者 リュウジ
本文装画 YAB
発行者 小野寺優
発行所 株式会社河出書房新社
〒一五一－〇〇五一 東京都渋谷区千駄ヶ谷二－三二－二
電話 〇三－三四〇四－一二〇一［営業］／〇三－三四〇四－八六一一［編集］
https://www.kawade.co.jp/
マーク tupera tupera
装幀 木庭貴信（オクターヴ）
印刷・製本 中央精版印刷株式会社

Printed in Japan ISBN978-4-309-63170-7